江苏省产学研合作项目(BY2022754)资助
徐州市重点研发计划项目(KC22098)资助
徐州市重点研发计划项目(KC19105)资助

一种新型上向流超轻滤料滤池

刘 强 王建华 著

中国矿业大学出版社
· 徐州 ·

内 容 提 要

本书针对传统上向流超轻滤料滤池(UUF)存在的“滤料难冲洗、滤层易板结”技术瓶颈,创新研发了一种新型UUF及其配套冲洗方法。通过系统比较分析,新型UUF在建造成本、能耗控制、污染物截留能力和出水水质等关键指标上均显著优于传统石英砂滤池,且操作简便,冲洗效果良好。研究采用小试和中试相结合的方法,验证了该技术在处理山区高浊度、难沉淀河水和微污染湖泊水时的优越性能,在保证处理效果的同时降低了运行成本。在此基础上,研究进一步创新性地将板框式滤布组件与UUF集成,开发出双过滤介质串联式膜生物反应器(DT-MBR),有效解决了传统MBR运行费用过高的问题。研究成果为UUF的工程化应用提供了完整的技术解决方案,对提升水处理效率、改善河湖水质、降低水处理成本具有重要实践价值,可为河湖水质净化、饮用水处理及污水再生利用处理领域的工程技术人员提供重要参考和借鉴。

图书在版编目(CIP)数据

一种新型上向流超轻滤料滤池 / 刘强,王建华著.
徐州 :中国矿业大学出版社,2025. 3. — ISBN 978-7-5646-6710-8

Ⅰ. TB34;TK223.5

中国国家版本馆CIP数据核字第2025M8J250号

书　　名　一种新型上向流超轻滤料滤池
著　　者　刘　强　王建华
责任编辑　褚建萍
出版发行　中国矿业大学出版社有限责任公司
　　　　　　(江苏省徐州市解放南路　邮编221008)
营销热线　(0516)83885370　83884103
出版服务　(0516)83995789　83884920
网　　址　http://www.cumtp.com　**E-mail**:cumtpvip@cumtp.com
印　　刷　苏州市古得堡数码印刷有限公司
开　　本　787 mm×1092 mm　1/16　**印张** 8.5　**字数** 167千字
版次印次　2025年3月第1版　2025年3月第1次印刷
定　　价　38.00元

前　言

滤池是非常重要的一种水处理构筑物，在饮用水处理、污水深度处理中应用非常广泛。滤池的类型主要有普通快滤池、V 形滤池、虹吸滤池、翻板滤池、无阀滤池、移动冲洗罩滤池等。所用滤料多为石英砂，水流过滤方向多为下向流，冲洗方式一般为高速水流反冲洗和气水反冲洗。

下向流石英砂滤池工艺成熟，运行可靠，为水处理事业作出了巨大贡献，但不可否认也存在以下缺陷：① 用作滤料的石英砂需满足一定的粒径级配要求，生产成本较高，导致石英砂滤池的建造和维护费用较高；② 若采用高速水流反冲洗方式，冲洗结束后整个滤层会呈现明显的“水力分级”现象，滤层的截污能力会大幅度降低；③ 即便采用气水冲洗方式，冲洗结束后滤层仍然会呈现不同程度的“水力分级”现象，滤层截污能力仍然较为有限；④ 由于石英砂的密度较大，冲洗时的阻力较大，能耗较高；⑤ 由于石英砂的密度较大，人工搬运费较高，尤其是在交通不便的偏远山区，人工搬运费非常昂贵。有鉴于此，一些专家开始关注轻质滤料滤池。所谓“轻质滤料”，是指密度比水轻的过滤材料，主要有聚苯乙烯滤料、轻质硅藻土陶粒、超轻污泥陶粒、聚乙烯醇缩甲醛悬浮滤料等，水流过滤方向为上向流。其中，密度远小于水的滤料，例如聚苯乙烯滤料，又可称为超轻滤料，使用这种滤料的滤池称为上向流超轻滤料滤池(UUF)。

在各种轻质滤料中，聚苯乙烯滤料具有以下优点：① 聚苯乙烯滤料的堆积密度为 15～20 kg/m^3，而石英砂的堆积密度为 1 600～1 800 kg/m^3，聚苯乙烯滤料在运输、安装以及人工费用方面有明显的竞争优势；② 聚苯乙烯滤料的 $K_{80}<1.2$，而单层石英砂滤料的 $K_{80}<2.0$，因此聚苯乙烯滤料的粒径均匀性非常好，滤层截污能力强；③ 依据“反粒度”过滤理论，上向流过滤方式能够充分发挥整个滤层的截污能力，出水水质更好；④ 聚苯乙烯滤料的价格约为 580 元/m^3，而同体积石英砂滤料的价格约为 1 200 元/m^3，聚苯乙烯滤料有显著的价格优势。然而，“滤料难冲洗、滤层易板结”问题严重制约了该种滤池的推广应用。由于聚苯乙烯滤料的密度非常小，在水的巨大浮力作用下紧密挤压在滤板的下方，上向流冲洗时滤珠会进一步受到挤压，滤层中截留的污染物难以被清除；而下向流冲洗则需要极高的冲洗强度，动力费用较高。也有人采用脉冲反冲洗方式，但操作程序较为复杂，且冲洗时间有限，冲洗强度不易控制，冲洗效果并不理想。

为解决上向流轻质滤料滤池的难冲洗问题，课题组开发出了一种新型上向流轻质滤料滤池工艺（专利号：ZL 201610847534.7），但这种工艺并不能有效解决 UUF 的难冲洗问题。为此，又相继开发出了一种适用于超轻滤料的冲洗方法（专利号：ZL 202110930288.2）和一种新型泡沫滤珠滤池及冲洗方法（专利号：ZL 202110930415.9）。最终开发出的新型 UUF 及冲洗方法，具有出水水质好、建设费用低、运输安装方便、操作简便、过滤水头损失小、冲洗强度和冲洗时间均可控、冲洗效果好等一系列优点。通过小试和中试，优化了新型 UUF 的正常滤速、强制滤速、冲洗强度、冲洗时间以及工作周期，明确了污染物去除效能。将该滤池分别应用于河湖水的处理以及污水的深度处理，均取得了很好的效果。

针对膜生物反应器（MBR）因膜污染和膜材料价格昂贵导致的运行费用过高问题，开发了一种改性板框式滤布组件（专利申请号：202421455754.1）以取代传统的膜组件，滤布组件出水经 UUF 进一步处理后，最终出水可达到排放甚至回用要求。据此，研发了一种双过滤介质串联式膜生物反应器（DT-MBR）（专利申请号：202311049563.5）。将 DT-MBR 用于处理生活污水进行小试，优化了滤布组件通量、冲洗方式及工作周期，明确了整套系统的污染物去除效能以及运行费用。与传统 MBR 相比，DT-MBR 因更换膜组件产生的运行费用可降低 90% 以上。

本技术的研发成功可为 UUF 的工程化应用提供理论与技术支持，也可为同类产品的研发提供思路和借鉴，对于提高出水水质、保护环境有重要意义。

刘　强

2024 年 9 月

目　　录

第1章 绪 论

我国地表净水厂普遍采用“混凝-沉淀-过滤-消毒”的常规工艺处理江、河、湖泊(或水库)水。通过向原水中投加混凝剂使水中胶体脱稳,然后经絮凝形成粒径较大、密度大于水的絮体,这些絮体通过后续的沉淀和过滤构筑物被有效去除,滤后水经消毒后可供生活饮用。在各工序中,“过滤”是不可或缺的一个单元,实现过滤目的的构筑物称为滤池。传统滤池大多以石英砂为滤料[1,2],水流过滤方向一般为下向流,常用类型有普通快滤池、V形滤池、虹吸滤池、无阀滤池、移动冲洗罩滤池等,冲洗方式多为高速水流反冲洗和气水反冲洗。

另外,滤池在污水深度处理中的应用也非常广泛。

1.1 过滤机理

过滤的目的是去除水中的悬浮物,以获得浊度更低的水。悬浮颗粒具有表面活性,滤料颗粒具有表面能,过滤就是两者之间黏附作用的结果。这个过程主要涉及以下两个问题:① 在滤层的孔隙内,悬浮颗粒如何从水中运动到滤料颗粒表面,即颗粒如何脱离水流流线而向滤料颗粒表面靠近的迁移机理;② 颗粒与滤料表面接触或接近后,依靠什么使它们黏附于滤料表面上,即悬浮颗粒与滤料颗粒的黏附机理[3]。

1.1.1 迁移机理

在过滤过程中,滤料孔隙很小,水流在孔隙内的流动属于层流。因此,被水流挟带的颗粒主要依靠沉淀、拦截、惯性、扩散和水动力等五种物理-力学作用,脱离水的流线而与滤料表面接近。对一个颗粒而言,可能同时存在几种作用,但起主导作用的只能是其中一到两种,主要取决于颗粒的大小。影响迁移机理的因素很复杂,有滤料尺寸、形状、滤速、水温、水中颗粒尺寸、形状和密度等。

(1) 沉淀作用

把滤料层看成类似叠起的多层沉淀池,较重的颗粒接近滤料表面时,由于水流速度很小,颗粒在重力作用下脱离流线沉淀下来。

(2) 拦截作用

尺寸较大的悬浮颗粒沿一条水流线运动，以致最后直接碰到滤料表面。

(3) 惯性作用

具有较大惯性的颗粒脱离流线被抛到滤料表面时，即完成了迁移过程。

(4) 扩散作用

颗粒较小，布朗运动较剧烈时会扩散到滤料表面完成迁移过程。

(5) 水动力作用

层流运动存在着速度梯度，非球体颗粒在速度梯度作用下会产生转动，从而脱离流线而与滤料表面接触。

1.1.2 黏附机理

黏附作用是一种物理化学作用。把滤料看作凝聚中心，滤料与水中悬浮颗粒相比，其粒径较大，当水中颗粒迁移到滤料表面时，在强大的吸引力作用下其被黏附在滤料表面，或黏附于滤料表面上已黏附的颗粒上。这种吸引力包括范德瓦耳斯引力、静电引力、某些化学键和特殊的吸引力以及絮凝颗粒的吸附架桥等。

由于滤料被已沉积的颗粒覆盖，滤料表面之间的孔隙不断减小，孔隙中水流速度增加，甚至流态从层流变为湍流，对黏附在滤料表面的颗粒有较大的剪切和冲刷作用，从而导致颗粒从滤料表面脱落。脱落的颗粒随水流向下迁移，并被下层的滤料截留，发挥了下层滤料截留颗粒的作用。但在滤池实际运行中，下层滤料截留作用还未得到充分发挥时，过滤过程就得停止。因为滤料经过高速水流反冲洗后，滤层存在水力分级，表层滤料粒径最小，孔隙尺寸也最小，能容纳的悬浮固体物也最少，而单位体积滤料截留的悬浮物量却最多。过滤一段时间后，表层孔隙逐渐被堵塞，水头损失迅速上升，在筛滤作用下甚至会形成泥膜。其结果是，在一定过滤水头下滤速会急剧下降，或滤速一定情况下，水头损失达到最大，有时还会因滤层表面因受力不均匀导致泥膜产生裂缝，造成大量水流从裂缝中流过，穿透滤层，最终导致出水水质恶化。只要上述两种情况出现一种，过滤将被迫中止。当然，在实际运行过程中，应尽量避免上述两种情况的发生。

1.2 提高滤池过滤性能的途径

对于任何一座滤池，新装入的石英砂滤料在未冲洗(尤其是高速水流冲洗)之前的级配在整个滤层内都是基本相同的。沿滤层厚度的每一点，滤料颗粒间所形成的孔隙大小均匀分布，因而其容纳悬浮物的能力是相同的，称为均质滤料。若想在后续运行中保持住这种状态，必要的条件是反冲洗时滤料层不能膨胀乱层。但是,当滤池进行高速水流反冲洗时,向上高速流动的水流会把滤层托浮起来,并使其处于膨胀状态。此时,细砂在水流作用下就移动到了上层,而粗砂则落到了下层。冲洗结束后,整个滤层就会自动出现水力分级现象,即上层是粒径小的细砂,下层是粒径大的粗砂。恢复下向流过滤时,滤层的截污能力就会下降。

由于分级滤料滤层在过滤时的上述缺点,悬浮固体在滤层中的分布从上到下呈指数关系递减,滤料截留作用不能得到充分发挥。可见,如果能保持滤层在过滤过程中仍是均质滤层,则滤料含污能力将会增大。分析过滤过程,最理想的滤层应该是沿着过滤的水流方向,滤层中滤料的粒径从大到小递减,颗粒间的孔隙也沿水流方向从大到小递减。这样就产生了两个有利条件:一是进入滤池的水先接触到的那部分滤层能够比后接触到的那部分滤层多容纳悬浮固体;二是孔隙较大的部分在容纳更多的悬浮固体后,仍然保留了一定的孔隙率,允许水中的悬浮物进入滤层的深处,从而在水头损失达到最大允许值时,整个滤层截留悬浮固体的能力都得到充分的利用,即滤料含污能力达到最大,这就是"反粒度"过滤理论。这一理论推动了滤料层组成和过滤方式的发展,相继出现了上向流滤池、双层和三层滤料滤池、双向流滤池和均质滤料滤池[4]。

1.2.1 上向流滤池

对水力分级滤料滤池采用上向流过滤可得到近似理想滤层的"反粒度"过滤效果。滤池构造与普通快滤池相同,水流自下而上通过滤料层进行过滤和反冲洗,冲洗废水自下而上穿过整个滤层后从上部排出。这种滤池在生产实践中存在三个问题:① 截留在滤层底部的大量悬浮固体难以冲洗干净;② 不适合大面积滤池;③ 滤速很小,甚至小于 1 m/h。

1.2.2 双层和三层滤料滤池

滤池的构造和过滤、反冲洗方式都未变,只是改变了滤料组成。上层采用密度小、粒径大的无烟煤滤料,反冲洗后仍保持在上层;下层用密度大、粒径小的石英砂滤料,构成双层滤料。反冲洗时,在无烟煤层和石英砂层本身内仍然存在水力分级作用,但对整个滤层而言,双层滤料体现了待滤水先进入粗粒滤料后再进入细粒滤料(下向流过滤方式)的理想滤层理念。实践证明,双层滤料含污能力比单层滤料约提高 1 倍以上。在相同滤速下,过滤周期延长;在相同过滤周期下,滤速可以提高。三层滤料是双层滤料的延伸,是在无烟煤层和石英砂层的下面,加设一层密度比石英砂大、粒度比石英砂小的石榴石或磁铁矿滤料。

1.2.3 双向流滤池

双向流滤池由俄罗斯开发。尽管这种滤池的阀门太多,结构较复杂,但由于其工艺上的优点,法国也将其列为一种常见的滤池。这种滤池在滤层中设有供滤后出水的集水管,经过混凝、沉淀的水从上部和下部同时进入滤池进行过滤,其滤层厚度约为单向过滤滤池的 2 倍。该滤池有以下特点:由于集水管上下都进水,一座双向流滤池相当于两座单向快滤池,且集水管下面的滤层有近似理想滤层的作用。

1.2.4 均质滤料滤池

采用粒径为 0.9～1.5 mm、不均匀系数 $K_{60}<1.6$ 的粗滤料,通常使用气水反冲洗以节约用水,同时能减少水力分级给滤层带来的不利影响。气冲时,上升气泡对滤层产生强烈的扰动,使滤料颗粒振动、旋转并相互摩擦,将黏附在滤料表面的污染物剥落下来,然后在水冲作用下排走。水冲的强度虽小,但仍然具有一定的剪切力,且在低速水流下滤层难以分级。目前,生产中常见的均质滤料滤池是 V 形滤池。

1.3 滤料

滤料的基本功能是提供黏附水中悬浮固体所需要的面积,一般需满足下列要求:① 滤料应具有足够的机械强度,减少在冲洗过程中的磨损和破碎;② 具有良好的化学稳定性,避免在过滤中发生溶解从而影响水质;③ 价格合理;④ 滤料颗粒形状接近于球状,具有一定的粒径和级配,表面比较粗糙,对水中悬浮固体的黏附力强。滤料选择主要是确定滤料品种、粒径大小与组成分布、滤层厚度等。常用的滤料有石英砂、无烟煤、颗粒活性炭以及石榴石、钛铁矿石等天然材料,还有陶粒、陶瓷等烧制滤料以及人工合成的聚苯乙烯塑料珠等。

采用滤料滤层的厚度与滤料粒径有关。滤料粒径小,滤层不易穿透,滤层厚度可较薄;反之,滤料的粒径大,滤层容易泄漏,需要的滤层厚度则较大。因此,从保证水质考虑,可采用较小的滤料粒径和较薄的滤层厚度,或者较粗的滤料粒径和较深的厚度。此外,滤料粒径和厚度也与滤速有关。过滤周期相同,滤速越高,要求滤层的截污容量越高,一般可采用较粗的滤料颗粒和较厚的滤层。

滤料的级配是指滤料中各种粒径颗粒所占的质量比例。滤料粒径主要有两种描述方法。

(1) 有效粒径和不均匀系数

利用滤料有效粒径 d_{10} 和不均匀系数 K_{80} 表示滤料的级配。过滤时，表层细滤料水头损失增长快，占总水头损失的比例大，故当滤料的 d_{10} 相等时，即使级配曲线不同，过滤时产生的水头损失也基本相等。因此，在水处理术语中，称 d_{10} 为滤料的有效粒径。不均匀系数 K_{80} 越大，表明大小颗粒粒径差别越大，滤料粒径的分布越不均匀，对过滤和反冲洗都不利。

(2) 滤料的粒度分布

滤料的粒度分布常用级配筛分曲线来获得。对滤料的筛分试验方法如下：称取洗净、烘干(105 ℃)的滤料 100 g，置于一组筛中过滤，称量剩在每一筛盘上的滤料质量，然后按表 1.1 所列形式进行记录和计算。由于滤料总量为 100 g，所以剩在每一筛盘上的滤料的克数即为所占百分数(%)。

表 1.1 滤料筛分结果

筛号	筛孔/mm	剩在筛上的砂重/g	通过该号筛的砂重及占比	
			质量/g	百分数/%
12	1.68	0	100	100
14	1.41	1.5	98.5	98.5
16	1.19	5.6	92.9	92.9
18	1.00	17.8	75.1	75.1
25	0.71	36.7	38.4	38.4
35	0.50	33.4	5.0	5.0
60	0.25	3.2	1.8	1.8
底盘	—	1.8	—	—

通过该号筛的滤料所占百分数(%)，等于剩在小于该号筛的所有筛盘上滤料的百分数的总和。例如，表 1.1 中通过 1.00 mm 筛孔的滤料所占百分数，应等于剩在 0.71 mm、0.50 mm 和 0.25 mm 三个筛盘上和底盘上的滤料的百分数的总和，即 36.7＋33.4＋3.2＋1.8＝75.1(%)。若以筛孔径为横轴，以通过该筛孔径的滤料所占百分数(%)为纵轴作图，便可绘出滤料的筛分析曲线。与 10%对应的粒径称为有效粒径 d_{10}；与 80%对应的粒径为 d_{80}；d_{80} 与 d_{10} 的比值称为滤料的不均匀系数 $K_{80} = d_{80}/d_{10}$。

一般常以 d_{10} 和 K_{80} 来评价滤料的粒度特征。为使滤料比较均匀一些，K_{80} 一般小于 2.0。

1.4 承托层

承托层的主要作用是支撑滤料，防止过滤时滤料通过配水系统漏出而进入滤后水中，同时要求反冲洗时保持其稳定，并形成均匀的孔隙，对均匀配水和过滤水收集起协助作用，因而对承托层材料的机械强度、化学稳定性、形状都有一定的要求。承托层的密度与滤层的密度直接相关。为了避免在反冲洗时，承托层中那些与滤料粒度接近的层次可能发生浮动，处于不稳定状态，这部分承托层材料的密度必须至少与滤料的密度相当。

承托层由若干层卵石或经破碎的石块、重质矿石构成，按上小下大的顺序排列，通常采用天然卵石，也称卵石层。最上层承托层与滤料直接接触，根据滤料底部的粒度来确定卵石的大小。最下层承托层与配水系统接触，必须按配水孔眼的大小确定卵石的大小，一般为配水孔眼孔径的 4 倍左右。最下一层承托层的顶部至少应高于配水孔眼 100 mm。

1.5 滤池冲洗

运行中的滤池，当过滤水头损失、滤后水浊度、滤速和过滤时间四个参数中的某一项达到设定值时(也可能几个参数同时达到设定值)，应终止运行进行反冲洗。在过滤过程中，至少有一部分悬浮颗粒，其附着在滤料表面的力总是大于滤池冲洗时所能提供的剥离力，于是被长期保留下来，这是滤料积泥的根本原因。特别是当滤池的反冲洗水在整个滤池面积上分配不均匀时，冲洗强度低的部分滤料上积泥量更多。

滤池的冲洗效果不佳，冲洗后在滤层内遗留了较多的黏性絮体，将产生一系列不利影响。

(1) 在滤层中出现泥球

在滤层表面，一些表面黏有较多絮体的砂粒黏结成数毫米大的滤球。如果不及时消除这些小泥球，在滤池的运行过程中，它们将逐渐长大而进入滤层内部，长出很大的泥球，有的泥球直径甚至超过 100～200 mm。大泥球通常出现在冲洗水上升流速较低的池子四角或池边，在大泥球所形成的不透水部位的周围，由于使反冲洗水产生高流速，会破坏卵石层(承托层)的稳定性，影响滤池的正常工作。

(2) 在滤床表面形成泥膜

滤床表面的砂层，由于残留在上面絮体的黏结作用，形成一层柔软的覆盖层。覆盖层越厚、黏结得越强，产生的危害就越大。覆盖层使滤床形成一个过滤的整体，过滤中滤床受垂直方向上的水压力作用，使滤床表面产生下沉现象。滤床表面的下沉引起滤床整体收缩，会使滤床表面出现裂缝，过滤水通过裂缝形成短流，穿透滤床，会恶化出水水质。另外，池壁处的裂缝甚至可能会使滤床产生横向过滤的作用。

滤池冲洗应满足下列要求：① 冲洗水在整个滤池的底部平面上应均匀分布，并防止水中带有气泡；② 冲洗水流必须保证有足够的上升流速，即有足够的冲洗强度，使滤层达到一定的膨胀度；③ 要有足够的冲洗时间；④ 冲洗水的排除要迅速，以免杂质滞留影响冲洗效果。

滤池冲洗效果的好坏对滤池性能有很大影响。滤层的冲洗方法应结合滤层的设计来选择，因此也往往影响滤池的整体构造。目前，常用的冲洗方法主要有高速水流反冲洗、反冲洗加表面冲洗、气水冲洗三种。

1.5.1 高速水流反冲洗

高速水流反冲洗是滤池最常用的冲洗方法。该方法利用流速较大的反向水流冲洗滤料层，使整个滤层达到流态化状态，且具有一定的膨胀度，悬浮颗粒在水流剪切力和颗粒碰撞摩擦力双重作用下脱落去除。当然，这种冲洗方法会导致滤层的水力分级。

1.5.2 反冲洗加表面冲洗

为进一步提高冲洗效果，可在高速水流反冲洗的基础上增加表面冲洗。表面冲洗所提供的射流冲刷作用，使滤料颗粒表面的污泥脱落去除。表面冲洗设备主要有固定管式加旋转管式两种形式。

固定管式一般由布置在砂面上 5 cm 处带有防砂孔口装置的水平管道系统组成，孔眼与水平方向呈 30°角向下，冲洗强度为 14 L/(g · m^2)。旋转管式是借位于中心两侧的、方向相反的两组射流的反作用力，推动喷水管旋转，由于旋转管式射流的湍动作用容易把滤料冲入反冲洗水流中，因此必须注意使射流的位置处于膨胀后滤层的更内部，冲洗强度一般为 2～3 L/(s · m^2)。

1.5.3 气水冲洗

气冲洗是借助空气对滤层的扰动作用，使附着在滤料上的悬浮颗粒脱落。水冲洗与气冲洗相结合，可以较大程度地提高冲洗效果，同时可节省冲洗水量。

气水冲洗主要有三种方式：① 先气冲洗后水冲洗；② 先气水同时冲洗，再单独水冲洗；③ 按气冲洗、气水混合冲洗和水冲洗的先后顺序进行冲洗。

对于气水冲洗系统,过去常采用在滤池底部另装一套布气管道系统。现在采用较多的是长柄滤头布水布气系统,如图 1.1 所示。长柄滤头安装在滤池下部的滤板上。滤帽上有 0.25～0.40 mm 的缝隙,滤杆上端有 1～3 个小孔,下端有一条细缝。当同时进气进水冲洗时,滤板下空间的上部形成空气垫层,下部是水层。空气垫层的厚度取决于进气流量的大小。空气通过气垫内的小孔和缝隙进入管内,水流则通过滤杆下部管端和淹没部分的缝隙流入杆内,水、气在滤杆内混合,最后由滤帽出来,自下而上对滤层进行反冲洗。由于气垫的存在,保证了气和水的均匀分布。采用长柄滤头可以不设砾石承托层。滤头采取网状布置,一般为 50～60 个/m^2。长柄滤头也可用于单独配气配水。

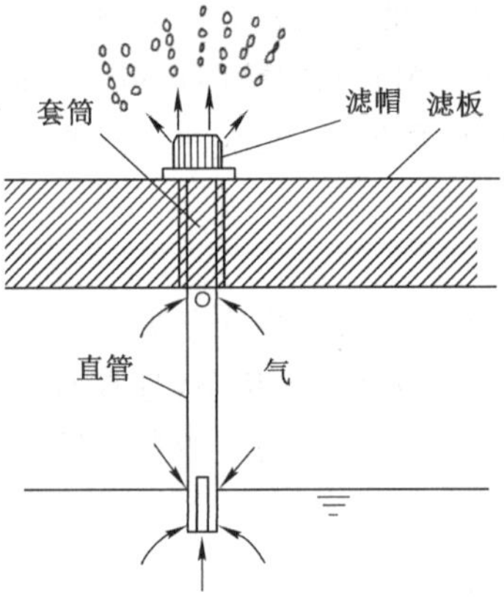

图 1.1　长柄滤头

根据实验观察,单独气冲洗时,在滤头上方滤层中空气量很大,而滤头之间的滤层中空气量较小,会造成滤料层少量的循环移动,长期的微量横向移动有利于提高整个滤层的冲洗效果;当气、水同时冲洗时,在常用的 2～8 L/(s・m^2) 水冲洗强度下,滤料层虽没有悬浮,但加大了滤料层循环移动的速度,提高了冲洗效果。最后的单独水冲洗,在带走冲洗下来的污物的同时,也将残留在滤层中的气泡带出,确保下一周期过滤的正常进行。由于气、水同时冲洗时,滤料可能被上升气泡带动脱离滤层而造成滤料流失,所以气、水同时冲洗更适用于粗滤料滤层。

1.6　几种常用滤池

1.6.1　普通快滤池

普通快滤池是应用非常广泛的一种滤池,适用于各种规模的自来水厂,一般有5个阀门：进水阀、出水阀、冲洗水进水阀、冲洗水排水阀和初滤水排水阀，在工程中有时又被称为四阀滤池（省略初滤水排水阀）。该滤池一般采用大阻力配水系统，具有工艺成熟、运行可靠、易于实现自动化等优点。

普通快滤池的设计与计算，包括下列内容：

（1）确定滤池的工作方式和滤速，确定滤池的总面积。

（2）确定滤池的分格数、平面尺寸及系统布置方式。

（3）确定滤池内各个组成部分的形式和尺寸。

（4）确定管廊内各管渠的尺寸，进行管廊布置。

（5）选用仪表和控制设备。

上述工作常交叉进行，在设计过程中，常会出现原设计尺寸与实际数据不符或其他矛盾情况，需要对相关的设计进行复核和修改。这是设计工作与一般计算工作的不同点。

1. 滤池的面积和滤池的长宽比

滤池的总面积 F（m^2）可由下式计算

$$F=\frac{Q}{VT} \tag{1.1}$$

式中 Q——设计水量，含水厂自用水量，m^3/d；

V——设计滤速，m/h；

T——滤池每日实际生产合格水的过滤时间，h/d，$T=T_0-t_0$；

T_0——滤池每日工作时间，h/d；

t_0——滤池每日冲洗时间、操作间歇时间和排放初滤水时间之和，h/d。

2. 滤池的深度

滤池的深度主要包括以下几项：

（1）保护高度：0.25～0.3 m。

（2）滤层表面以上的水深：1.5～2.0 m。

（3）滤层厚度：单层细砂滤料层厚度为700 mm；对于双层滤料，无烟煤厚度为300～400 mm，石英砂厚度为400 mm；对于三层滤料，无烟煤厚度为450 mm，石英砂厚度为250 mm，重质矿石的厚度为70 mm；均质粗砂滤料层厚度为1 200～1 500 mm。

（4）承托层厚度：参照《室外给水设计标准》（GB 50013—2018）相关规定[5]。

再考虑配水系统孔眼中心距池底的高度，滤池总深度一般为3.2～3.8 m。单层级配石英砂滤池的深度小一些，双层和三层滤料滤池的深度稍大一些。

3. 管廊布置

设计时，管廊布置要考虑管道设备安装和维修的必要空间，方便与滤池和操作室的联系，采光、通风及排水良好。此外，由于管廊的深度和荷载与滤池不同，为避免不均匀沉降造成裂缝，一般管廊均与滤池分开建造，因而进入各单池的管道要设置软接头。

管廊设计时还需注意：初滤水排水管与废水渠间应设足够的空气间隙，以防止废水通过倒虹吸作用进入滤池内。滤池进水管应接入浑水渠内，通过冲洗排水槽进入滤池内，防止水流直接搅乱滤层表面。管廊内应提供充足的空间和走道，便于人员和设备的进出。提供足够的柔性接头，以便在施工中的管道定线和修理时拆除阀门。钢筋混凝土的管渠或外包混凝土的管道只能用于地板上，不宜架空，以防出现裂缝和漏水。

常见管廊布置形式如图 1.2 所示[3]。

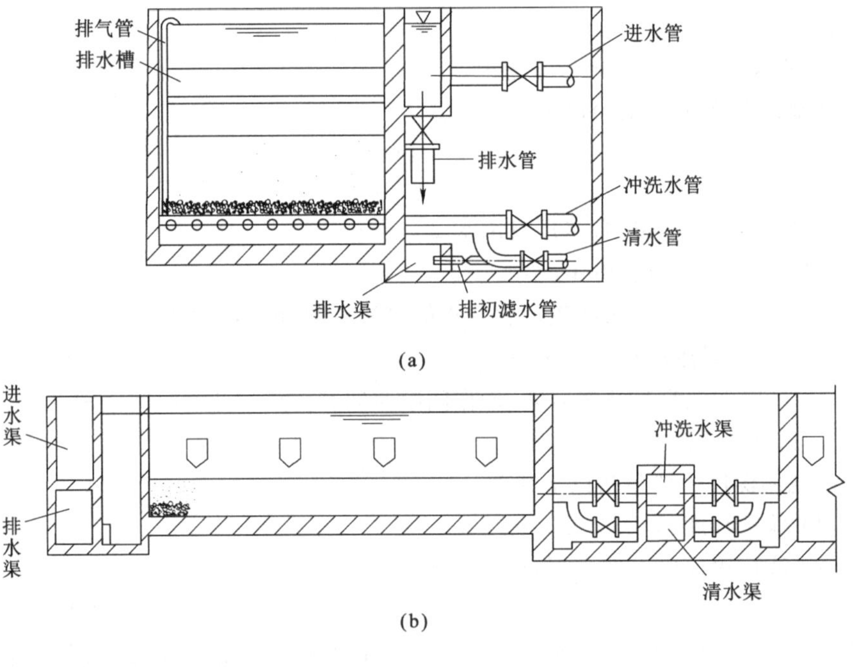

图 1.2　普通快滤池管廊结构

(1) 图 1.2(a)所示布置方式：进水、冲洗水和清水管均采用金属管道，排水渠单独设置，通常适用于小水厂滤池的单排布置。

(2) 图 1.2(b)所示布置方式：冲洗水和清水渠布置于管廊内，进水和排水以渠道形式布置于滤池另一侧。该方式的特点是节省金属管件及阀门，管廊内管件简单，施工和维修方便，但造价较高。

4. 管渠设计流速

滤池的管道和渠道断面一般可按下列流速进行设计。若考虑到今后水量增大的可能，流速宜取下限。

(1) 进水管(渠)：0.8～1.2 m/s；

(2) 出水管(渠)：1.0～1.5 m/s；

(3) 冲洗水管(渠)：2.0～2.5 m/s；

(4) 冲洗水排水管(渠)：1.0～1.5 m/s；

(5) 初滤水排放管(渠)：3.0～4.5 m/s；

(6) 输气管：10～20 m/s。

5. 设计中应注意的几个问题

(1) 滤池底部应设排空管，其入口处设栅罩，池底坡度约为0.005，坡向排空管。

(2) 每个滤池宜设水位控制器和滤后水质检测仪，以控制滤池的运行。

(3) 各种密封渠道上应设人孔，以便检修。

(4) 滤池壁与砂层接触处应拉毛呈锯齿状，或在滤料层高度以上池壁贴瓷砖，以免过滤水发生短路现象而影响水质。

普通快滤池运转效果良好，首先是冲洗效果得到保证，特别是有表面冲洗或气水冲洗的情况，其次是适用任何规模的水厂。主要缺点是管配件及阀门较多，操作比较复杂，必须设置独立的冲洗设施。

1.6.2 V形滤池

V形滤池是法国德格雷蒙公司设计的采用气水反冲洗的一种快滤池，因池壁两侧或一侧进水槽设计成V字形而得名，其工艺结构如图1.3所示。该滤池采用小阻力配水系统，适用于大中型水厂，目前已在我国得到广泛应用。

下面介绍V形滤池的工艺流程。

(1) 过滤过程

待滤水由进水总渠经进水气动隔膜阀和方孔后，通过溢流堰经过侧孔进入V形槽。水通过V形槽底的小孔和槽顶溢流均匀进入滤池，然后通过滤料层和长柄滤头流入底部空间，再经方孔汇入中央下层水渠内，最后由管廊中的水封井、出水堰、清水渠进入清水池。

根据《室外给水设计标准》(GB 50013—2018)[5]，V形滤池的正常滤速为7～10 m/h，强制滤速为10～13 m/h。滤层表面以上的水深一般大于1.2 m，根据滤池水位的微量变化自动调节出水蝶阀的开启度，或采用出水虹吸管与水位控制器联动来实现等水头等速过滤。

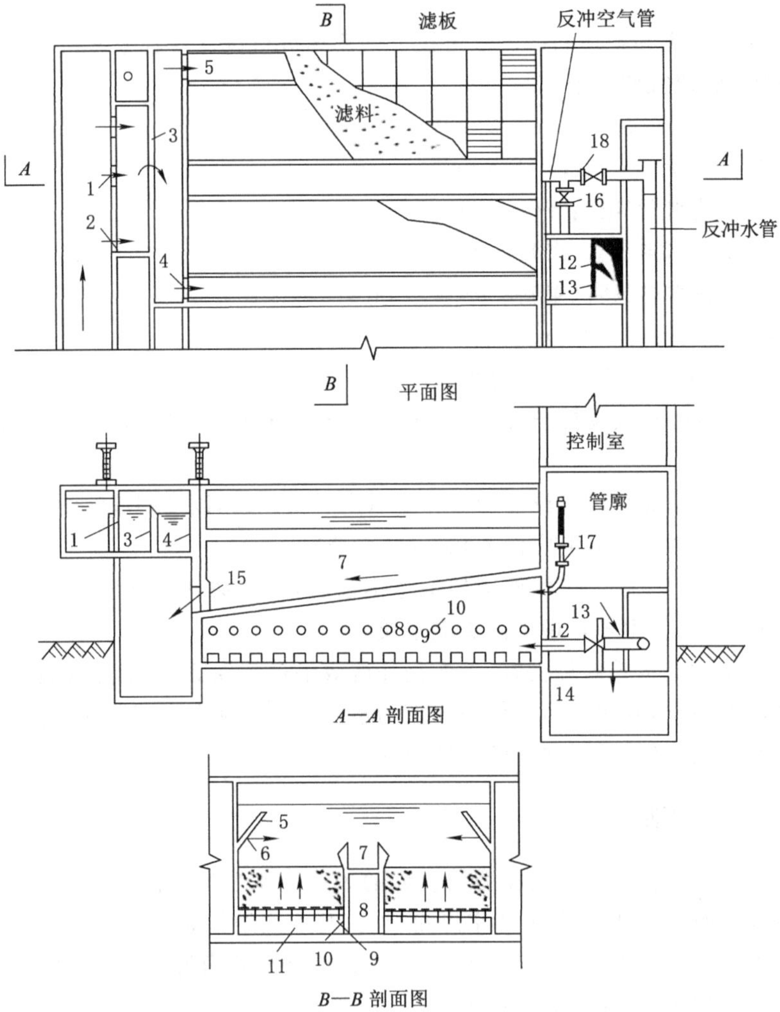

1—进水气动隔膜阀；2— 进水方孔；3—堰口；4—侧孔；5—V 形槽；6—扫洗水小孔；
7—中央排水渠；8—气水分配渠；9—配水方孔；10—配气小孔；11—底部空间；12—水封井；
13—出水堰；14—清水渠；15—排水阀；16—清水阀；17—进水阀；18—冲洗水阀。

图 1.3　V 形滤池结构图

(2) 冲洗过程

关闭进水阀，开启排水阀将滤池内中央排水渠堰口高度以上的水从排水槽中排出，然后进行反冲洗。通常采用滤料不膨胀的气水冲洗，冲洗过程包括：① 启动鼓风机，打开进气阀，空气经气水分配渠上部的小孔均匀进入滤池底部，由长柄滤头喷出。滤料表面的杂质被空气擦洗下来并悬浮于水中。由于进水渠两侧方孔常开，仍有一部分原水继续进入 V 形槽通过槽底的小孔进入滤池，在滤池中产生横向水流进行表面扫洗，将杂质推向中央排水渠。② 启动冲洗水泵，打开冲洗水阀，空气和水同时进入气水分配渠，通过方孔、小孔和长柄滤头均匀地进入滤池，滤料得到进一步冲洗。③ 停止气冲，单独水冲洗及表面扫洗，将悬浮于水中的杂质全部送入排水槽。

V 形滤池冲洗过程全部由程序自动控制。在进行气、水同时反冲洗时，由于气泡高速穿过滤层，常会携带少量滤料脱离滤层，为减少滤料的流失，溢流堰顶应高出滤层表面 500 mm，且将堰顶做成 45°斜坡形。

V 形滤池的优点：采用气水反冲洗，滤料不发生水力分级，整个滤层沿深度方向的粒径分布基本均匀，属于均质滤料；深层过滤，滤层含污能力大，水头损失增长缓慢，过滤周期可长达 48 h，且出水水质好；气水反冲洗，滤料流态化前剪切力最大，再加上空气振动，表面水扫洗，使滤料冲洗得很干净，且不会流失，同时冲洗水量大大减少，滤池有效产水量高。

V 形滤池的缺点：需增加一套气冲设备；气、水的压力要调控稳定。

1.6.3 无阀滤池

顾名思义，无阀滤池中没有阀门，能够实现自动运行（过滤和冲洗），无须人工操作。另外，该滤池还具有运转中不会出现负水头、节省大量阀门、造价较低等优点，多用于中小型水厂。无阀滤池的工艺结构如图 1.4 所示。

1. 工作原理

当滤池刚投入运转时，虹吸上升管内水位与冲洗水箱的水位高差 H_0 代表清洁滤层过滤水头损失，也称为初期水头损失，一般在 20 cm 左右。由于滤池进水量不变，随着过滤过程中滤层水头损失的逐渐增加，虹吸上升管内的水位缓慢上升。虹吸上升管中水位的上升使其中原存的空气受到压缩，部分空气从虹吸下降管的下端穿过水封进入大气。当虹吸上升管中的水位达到虹吸辅助管上端管口时，过滤水头达到最大，这时的水头损失 H 称期终允许水头损失，一般为 1.5 m。

当虹吸上升管中的水位超过虹吸辅助管上端管口时，水便从虹吸辅助管中流进水封井内，水流经过抽气管与虹吸辅助管连接处时产生抽吸，把抽气管中的空气带走使之产生负压，同时把虹吸下降管上端的空气抽走，使之也产生负压，虹吸辅助管也能带走一部分空气，更加速了虹吸管中真空度的形成，虹吸上升管和虹吸下降管中的水位同时上升，当两股水柱汇合后即产生虹吸作用，冲洗水箱的水便沿着与过滤相反的方向，通过三角连通渠从下而上经过滤层，从虹吸管流

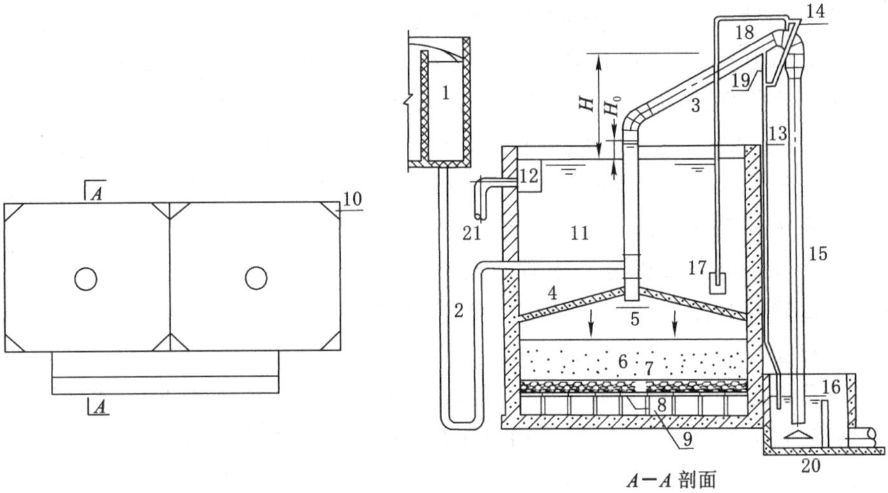

(a) 无阀滤池平面示意图　　(b) 无阀滤池过滤过程

1—进水分配槽；2—进水管；3—虹吸上升管；4—伞形顶盖；5—挡板；6—滤料层；
7—承托层；8—配水系统；9—底部配水区；10—连通渠；11—冲洗水箱；12—出水渠；
13—虹吸辅助管；14—抽气管；15—虹吸下降管；16—水封井；17—虹吸破坏斗；
18—虹吸破坏管；19—强制冲洗管；20—冲洗强度调节器；21—出水管。

图 1.4　无阀滤池结构图

入水封井再溢流到排水井中排掉，自动完成冲洗过程。

2. 无阀滤池的特点

无阀滤池具有能实现自动冲洗、无须人工操作、运转中不会出现负水头、节省大量阀门、造价较低等优点，但存在以下不足：若无反冲停水装置，会浪费部分滤后水；池内有伞形顶盖，进砂和出砂困难；冲洗水箱在顶部，滤池总高度大，抬高了前处理构筑物高程，整体布置困难等。

1.6.4　虹吸滤池

将普通快滤池的进水及反冲洗废水排水管用两根虹吸管替代，同时将另两个阀门也去掉，改用渠道来连接集水槽；一组滤池由多格单池并联组成，每格单池的反冲洗水来自其他单池的滤后水。由于冲洗水头小，大阻力配水系统改为小阻力配水系统，就构成了虹吸滤池。虹吸滤池的工艺结构如图 1.5 所示。

虹吸滤池一般由 6～8 格组成一组，每格过滤是独立的，但底部出水渠是相通的，其中一格滤池的反冲洗水是由其他格的过滤水提供的，属于自动冲洗。所以，虹吸滤池不能单格独立生产，但每一格能够单独维修。其最少分格数应按滤池在低负荷运行时仍能满足一格滤池冲洗水量的要求确定。与普通快滤池相

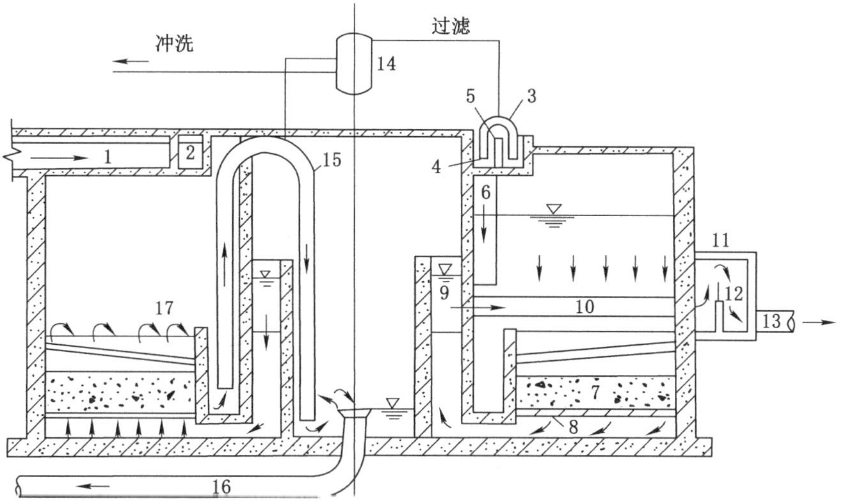

1—进水槽;2—配水槽;3—进水虹吸管;4—单格滤池进水槽;5—进水堰;6—布水管;
7—滤层;8—配水系统;9—集水槽;10—出水管;11—出水井;12—出水堰;13—清水管;
14—真空系统;15—冲洗废水虹吸管;16—冲洗废水排放管;17—冲洗排水槽。

图 1.5 虹吸滤池结构图

比,虹吸滤池的池深较大(5～6 m)。另外,采用小阻力配水系统单元滤池的面积不宜过大,冲洗水头应通过计算确定,宜采用 1.0～1.2 m,并应有调整冲洗水头的措施。

1.6.5 移动冲洗罩滤池

移动冲洗罩滤池具有无阀滤池和虹吸滤池的一些特点,它利用移动的冲洗罩,在人工或机械装置作用下移动,一旦移动到滤池某一滤格上方对准位置后,在保证罩体与滤格严格密封情况下,进行反冲洗。为提高冲洗设备利用率,提高滤池冲洗的均匀性,每一滤格的面积不宜过大,因此滤池被分为许多格,滤料层上部相互连通,滤池底部配水区也连通,整座滤池只有一个进水口和一个出水口。移动冲洗罩滤池的工艺结构如图 1.6 所示。

1. 过滤过程

过滤时,待滤水由进水管经穿孔配水墙及消力栅进入滤池,通过滤层过滤后由底部配水室流入钟罩式虹吸管的中心管。虹吸中心管内水位上升到管顶且溢流时,带走虹吸管钟罩和中心管的空气,达到一定的真空度,虹吸形成,滤后水便从钟罩和中心管间的空隙流出,经出水堰流入清水池。滤池内水面标高 Z_1 减去

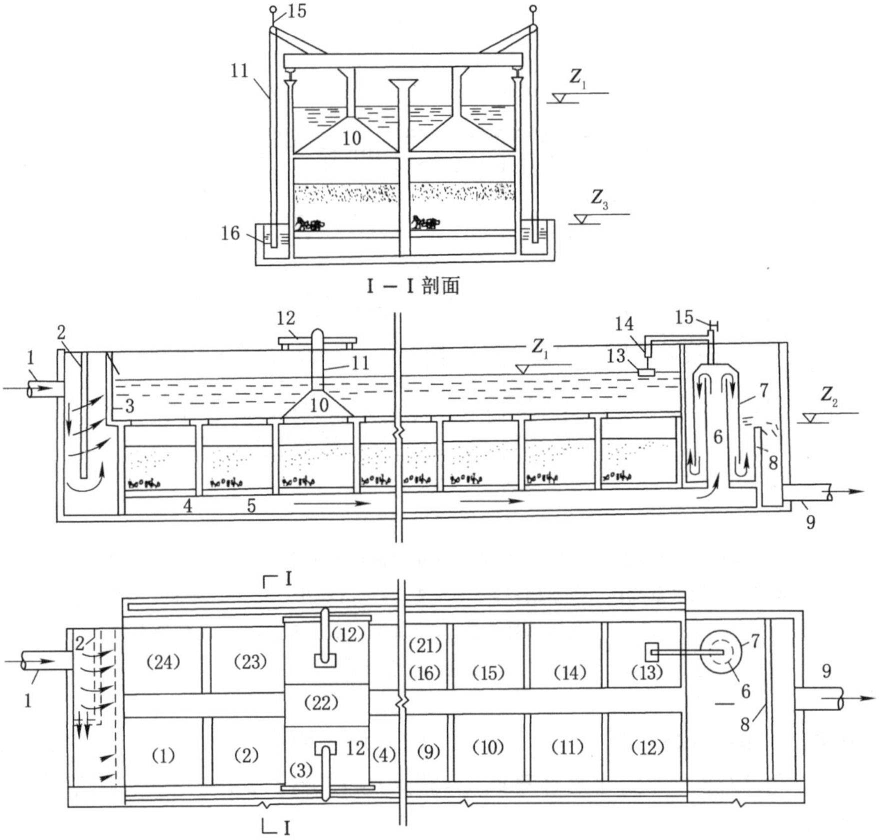

1—进水管；2—穿孔配水墙；3—消力栅；4—小阻力配水系统的配水孔；
5—配水系统的配水室；6—出水虹吸中心管；7—出水虹吸管钟罩；8—出水堰；9—出水管；
10—冲洗罩；11—排水虹吸管；12—桁车；13—浮筒；14—针形阀；15—抽气管；16—排水渠。

图 1.6　移动冲洗罩滤池结构图

出水堰上水面标高 Z_2，即为过滤水头，一般为 1.2～1.8 m。

2. 反冲洗过程

当某一格单池需要冲洗时，冲洗罩由起重设备带动移至该单池上，对准后封住单池顶部，用水泵抽吸或虹吸方式进行反冲洗，冲洗水来自其他单池的滤后水，由滤池底部的配水室和配水孔进入该单池。冲洗废水可排放或送回絮凝池（泵吸式），减少自耗水。

移动冲洗罩滤池特点是：池体结构简单，造价低廉，占地面积小，施工方便（用预制板）；无须冲洗水塔或水箱，操作运行可自动控制；无大型阀门，管配件少；但需增加机电设备及控制装置，需有较强的机电维修能力，适用于大中型水厂。

1.7　石英砂滤池的缺陷及轻质滤料滤池的提出

目前在生产中应用较多的普通快滤池、V 形滤池、虹吸滤池、无阀滤池、移动冲洗罩滤池等大多以石英砂为滤料，均可称为石英砂滤池，水流过滤方向一般为下向流。这类滤池工艺成熟，运行可靠，为水处理事业作出了巨大贡献，但不可否认也存在以下缺陷：① 用作滤料的石英砂需满足一定的粒径级配要求，生产成本较高，因此石英砂滤池的建造和维护费用较高；② 若采用高速水流反冲洗方式，冲洗结束后整个滤层会呈现明显的“水力分级”现象，滤层的截污能力会大幅度降低；③ 即便采用气水冲洗方式，冲洗结束后滤层仍然会呈现不同程度的“水力分级”现象，滤层截污能力仍然较为有限；④ 由于石英砂的密度较大，冲洗时的阻力较大，能耗较高；⑤ 由于石英砂的密度较大，人工搬运费较高，尤其是在交通不便的偏远山区，人工搬运费非常昂贵。

鉴于石英砂滤池在运行过程中存在的上述问题，一些专家开始关注轻质滤料滤池。所谓“轻质滤料”，是指密度比水轻的过滤材料[6]，主要有聚苯乙烯泡沫滤珠(以下简称滤珠)[7]、轻质硅藻土陶粒[8]、超轻污泥陶粒[9]、聚乙烯醇缩甲醛悬浮滤料[10]等。目前，关于轻质滤料滤池在污水处理[11-14]和饮用水的生物预处理[15-17]中的研究和应用较多，在饮用水常规处理中的研究[18]和应用很少。

滤珠具有以下优点：① 滤珠的堆积密度为 15～20 kg/m^3，而石英砂的堆积密度为 1 600～1 800 kg/m^3，滤珠在运输、安装以及人工费用方面有明显的竞争优势；② 滤珠的 $K_{80}<1.2$，而单层石英砂滤料的 $K_{80}<2.0$[5]，因此滤珠的粒径均匀性非常好，滤层的截污能力更强；③ 依据“反粒度”过滤理论，上向流过滤方式能够充分发挥整个滤层的截污能力，出水水质更好；④ 滤珠的价格约为 580 元/m^3，而同体积的石英砂滤料价格约为 1 200 元/m^3，滤珠有非常显著的价格优势。然而，尽管滤珠有上述诸多优点，但自其问世以来一直未能在饮用水处理领域得到重视，究其原因，难冲洗问题严重制约了滤珠滤池的快速推广应用。由于滤珠的密度非常小，在水的巨大浮力作用下紧密挤压在滤板的下方，上向流冲洗时滤珠会进一步受到挤压，滤层中截留的污染物难以被清除；而下向流冲洗则需要极高的冲洗强度，动力费用较高。目前滤珠滤池的冲洗方法主要是脉冲反冲洗[19-21]，具体步骤为：先向滤池底部的气室充气形成一定厚度的气垫层，然后瞬间放气，滤池上部的水自上而下补充气室，滤珠滤层因而得到冲洗。可以看出，该冲洗方式的操作程序较为复杂，且冲洗时间有限，冲洗强度不易控制，冲洗效果也不理想。

1.8 本技术的工艺特点及意义

为解决轻质滤料滤池的冲洗难题，课题组开发出了一种新型上向流轻质滤料滤池工艺，并已获批国家发明专利（专利号：ZL 201610847534.7）[22]。试验期间，根据试验结果在上述专利技术的基础上又相继开发出了一种适用于超轻滤料的冲洗方法（专利号：ZL 202110930288.2）[23]和一种新型泡沫滤珠滤池及冲洗方法（专利号：ZL 202110930415.9）[24]。最终开发出的新型聚苯乙烯泡沫滤珠滤池（以下简称滤珠滤池）及配套冲洗方法，具有出水水质好、建设费用低、运输安装方便、操作简便、过滤水头损失小、冲洗强度和冲洗时间均可控、冲洗效果好等一系列优点。

该新型滤池可广泛应用于河湖水的处理以及污水厂的深度处理，既可以单独使用，也可以与其他工艺组合使用，具有很好的应用前景，是传统石英砂滤池的良好替代工艺。

本技术的研发成功可为新型滤池的工程化与产业化应用提供理论与技术支持，对于提高出水水质、保护环境有重要意义。

第2章　新型滤池轻质滤料优化技术研究

对待处理水进行过滤的目的，主要是去除水中的悬浮物，以获得浊度更低的水，实现这一目的的构筑物称之为滤池。

依据滤速的高低，滤池可以分为慢滤池和快滤池。慢滤池是用于城市生活饮用水处理的最早滤池形式，滤速一般为 0.1～0.3 m/h。新投产的慢滤池出水浊度较高，通常需要经过 1～2 星期后，出水才逐渐变得清澈，这是由于在滤层表面形成了一层致密的滤膜，水经过滤膜过滤后才会变得清澈。滤层表面的滤膜是被截留污泥以及在其中的细菌、藻类、原生动物、后生动物等微生物生长繁殖的结果。滤层表面生成滤膜的过程，称为滤层成熟的过程，所需要的时间称为滤层的成熟期。慢滤池过滤时，水中的致浊物质不断被截留在滤膜上，使滤膜阻力增大。当滤膜阻力增大到使滤速减小到一定程度时，滤池就需要停止工作，此时需用人工将滤池表面含泥膜的砂层刮去 1～2 cm，然后再进水过滤，这时滤层又需要重新经历一个成熟期[4]。刮砂是一件非常耗费人力的工作，再加上慢滤池滤速很低且占地面积过大，所以逐渐被更先进的快滤池所取代。

自 20 世纪 70 年代水源被有机物污染的问题被提出以来，人们发现慢滤池在过滤过程中具有生物净化作用，能够使水中有机物以及氨氮等污染物得到一定程度的去除，这使得慢滤池又重新受到人们的重视。与此同时，人们又成功开发出了慢滤池的机械刮砂和洗砂技术，使其作业实现了机械化和现代化。目前，对慢滤池生物净化作用以及新型慢滤池的研究在国外仍是一个热点。

为解决慢滤池滤速过低的问题，人们开发出了快滤池。快滤池的滤速可达 5～10 m/h，比慢滤池高数十倍。但笔者在多年的工程实践中也发现，随着我国饮用水水质标准的提升，快滤池的滤速有逐渐下降的趋势。以普通石英砂快滤池为例，早先相关设计规范规定的正常滤速是 8～10 m/h，后来降低为 7～9 m/h，而现行《室外给水设计标准》(GB 50013—2018)规定的正常滤速是 6～9 m/h[5]。即便如此，笔者在实际生产运行过程中也发现，普通石英砂快滤池的滤速仍然不宜过高，宜取下限值。未经混凝处理的水经快滤池过滤时，水中只有 50%～80%的浊质能被去除，出水浊度一般达不到用户的要求；而经过混凝的水经快滤池过滤后，出水浊度可以降至比较低的程度。所以快滤池主要用来过滤经过混凝(或混凝沉淀)以后的水。目前，我国滤池的水流方向一般是下向流，即水流自上而下流过滤料层。由于快滤池的滤速比慢滤池高数十倍，因此快滤池的堵塞要比慢滤池快得多，持续过滤时间也短得多，一般只有数十小时。以普通快滤池为例，很多净水厂将其工作周期定为 24 h。

滤料的选择是滤池设计的关键，一般直接采用设计规范的数据，有条件时应通过对不同滤料进行试验比较确定。当选用天然材料为滤料时，一般需满足下列要求：滤料应该具有足够的机械强度和化学稳定性，减少在冲洗过程中的磨损和破碎，避免在过滤中发生溶解影响水质；价格合理且能就地取材；滤料颗粒形状接近于球状，表面比较粗糙且有棱角。

快滤池所用的滤料一般为颗粒状滤料，以石英砂较为普遍。石英砂具有足够的机械强度，在中性和酸性水中具有很好的化学稳定性，且货源充足，价格较为便宜。然而，由于石英砂的密度较大，反冲洗时所消耗的能量较多；与人工合成材料（例如聚苯乙烯滤料）相比，同体积的石英砂价格仍然较高；另外，由于石英砂的密度较大，搬运、安装所需的人工费较高，尤其是在交通不便的偏远山区，人工费很高。因此，价格更为便宜、粒径均匀性更好的人工合成轻质滤料具有明显优势。对于轻质滤料而言，由于其密度远小于水，在工程实践中一般将其置于滤板下方，过滤时的水流方向为上向流。但在运行中发现，上向流轻质滤料滤池面临很大的冲洗难度。由于轻质滤料的密度很小，在水的浮力作用下紧密挤压在滤板下方，若采用上向流冲洗方式会使得滤料挤压得更加紧密，滤料层中截留的污染物质难以被冲出；若采用下向流冲洗方式则需要很高的冲洗强度，这就要求很高的重力水头，整座滤池的池深会加大，造价会增高。因此，如何能够有效冲洗是制约上向流轻质滤料滤池应用的关键问题。

本书通过在水平缝隙滤板下方一侧的池壁上设置竖向缝隙滤板，开发出一种易冲洗的新型上向流轻质滤料滤池。分别采用超轻污泥陶粒和滤珠作为滤料，处理某校园湖水并进行对比试验，以研究其运行效能，最终确定最适宜的滤料种类。

2.1 材料与方法

2.1.1 试验装置

上向流轻质滤料滤池中试装置的设计水量为 1 m^3/h，设计滤速为 8 m/h，滤层厚度为 1 200 mm，配水区高度为 1 000 mm，侧壁缝隙滤板上沿距离水平缝隙滤板 500 mm。过滤时，待滤水自原水管进入原水渠，然后自下而上先后经过配水区、滤层、缝隙滤板（水平）、清水渠，最后自清水管送至清水池。在侧壁缝隙滤板上方设置挡板的目的是延长缝隙滤板附近的过滤路径，防止待滤水因在缝隙滤板外侧短路而影响滤后水质。轻质滤料滤池的工艺结构如图 2.1 所示。

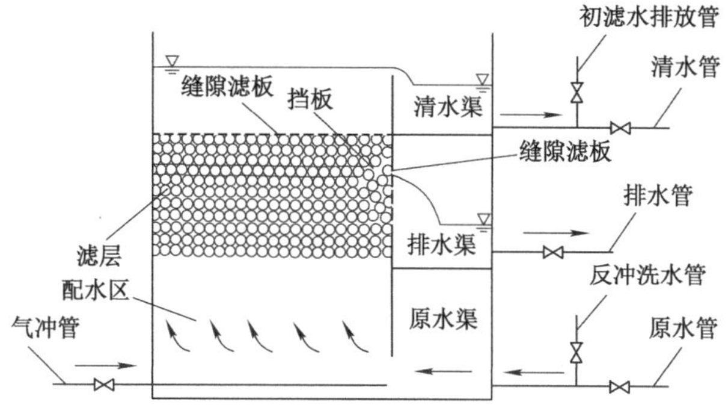

图 2.1　轻质滤料滤池工艺结构图

当滤层中截留污染物较多时，按以下步骤进行冲洗：① 关闭原水管和清水管上的阀门，打开排水管上的阀门，滤池中水位会下降至池壁的缝隙滤板处，轻质滤料随之下降并变得松散；② 启动风机，打开气冲管上的阀门进行气冲，气冲强度为 8 L/(s·m^2)，冲洗时间为 3 min；③ 启动冲洗水泵，打开反冲洗水管上的阀门进行水冲，水冲强度为 4 L/(s·m^2)，冲洗时间为 3 min；④ 停止气冲，水冲强度保持不变，冲洗时间为 5 min，冲洗结束。

上向流轻质滤料滤池中试装置共有两座，分别装填不同种类的轻质滤料。第一座装置装填的是轻质污泥陶粒，粒径为 6～8 mm，K_{80}＝1.93，堆积密度为 347 kg/m^3(陶粒外观见图 2.2)；第二座装置装填的是滤珠，粒径为 1～2 mm，K_{80}＝1.17，堆积密度为 20 kg/m^3。

图 2.2　轻质陶粒外观

待滤水为某一体化饮用水处理设备中的沉淀池出水。该一体化设备以某大学校园内的湖水为原水，设计水量为 10 m^3/h，工艺流程为“混凝-网格式絮凝池-斜管沉淀池-无阀滤池”（图 2.3）。其中，混凝剂采用聚合氯化铝（有效成分 Al_2O_3 含量为 30%），投加量为 3.0 mg/L；网格式絮凝池的絮凝时间为 20 min；斜管沉淀池的沉淀时间为 30 min；无阀滤池的滤料为石英砂，粒径为 0.9～1.35 mm，$K_{80}=1.82$，滤层厚度为 700 mm，滤速为 7 m/h。

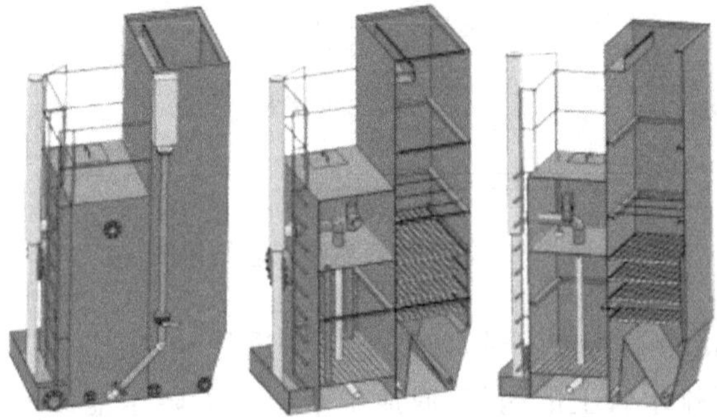

图 2.3　一体化饮用水处理设备结构示意图

2.1.2　原水水质

试验中所用大学校园湖水主要来自雨水，湖水与上向流轻质滤料滤池中试装置待滤原水的水质情况见表 2.1。

表 2.1　某校园湖水与待滤原水水质情况

水样类别	浊度 /NTU	色度 /度	化学需氧量 (COD)/(mg/L)	氨氮 /(mg/L)	叶绿素 a /(μg/L)	pH	水温 /℃
湖水	3.81～5.37	30～40	4.82～6.38	0.47～0.76	14.8～20.5	7.37～7.58	18～25
待滤原水	3.53～4.72	30～40	4.21～5.83	0.47～0.75	14.5～20.1	7.32～7.53	18～25

2.1.3　试验方法

同时运行两座中试装置，滤速均为 8 m/h，运行时间超过 3 个月。待中试装置运行稳定后，每小时检测 1 次过滤前后的浊度、色度和 COD 等水质指标，计算过滤终点的水头损失，分析冲洗效果，对新型上向流轻质滤料滤池的运行效能进行研究。

2.1.4 分析方法

COD采用高锰酸盐指数法，氨氮采用纳氏试剂分光光度法，色度采用铂钴比色法[25]；浊度采用Turb550浊度仪测定；pH采用Orion868-2型pH计测定；过滤水头损失根据过滤前后的测压管水头差进行计算；水温采用温度计测定。

2.2 结果与分析

2.2.1 对浊度的去除效果

浊度是由水中胶体以及含有泥沙、黏土、有机物、无机物、浮游生物和微生物等悬浮物质所造成的，可使光散射或吸收。天然水经过混凝、沉淀和过滤处理，可使水变得清澈。

试验期间，聚苯乙烯泡沫滤珠滤池(以下简称滤珠滤池)表现出了良好的除浊效果(图2.4)。待滤水的平均浊度为4.07 NTU，滤珠滤池出水的平均浊度为0.18 NTU，轻质污泥陶粒滤池(以下简称陶粒滤池)出水的平均浊度为2.54 NTU。滤珠滤池对浊度的平均去除率为95.6%，比陶粒滤池提高了58.0%，表明滤珠滤池能够有效去除水中能够形成浊度的胶体和悬浮物。

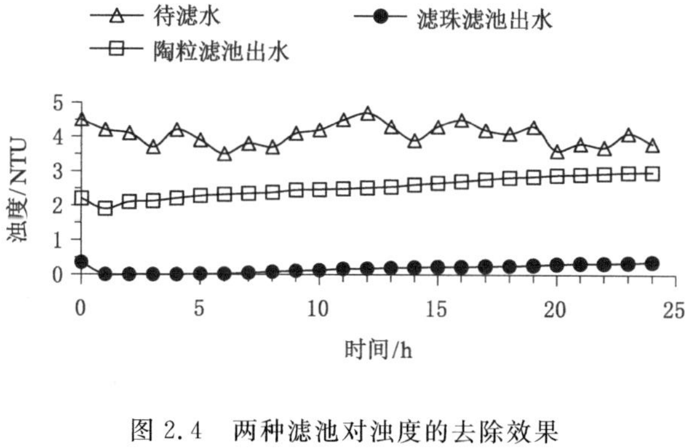

图2.4 两种滤池对浊度的去除效果

水中悬浮物在滤料层中必须经过迁移和附着两个过程才能完成去除。首先，在滤层孔隙中随水流运动的悬浮颗粒依靠以下五种基本作用迁移到滤料的表面：① 沉淀；② 惯性；③ 截留；④ 扩散；⑤ 动力效应。

沉淀作用在20世纪初就提出来了，这是把滤料间的孔隙看作是一个微型沉淀池。但后来的分析认为，只有当颗粒很接近滤料颗粒表面时(例如20 μm以内)，由于水流的速度很小，由重力所产生的沉降速度才足以影响颗粒物的运动，最后完成去除的作用。

惯性作用是指颗粒物由于本身的速度所具有的惯性力起的作用。当惯性力足够大，以至于把它抛到滤料颗粒的表面上时，即完成了迁移过程。

当悬浮颗粒的粒径大于滤料间的孔隙，随水流运动时被滤料间的孔隙截留而与滤料表面接触，这种俘获就属于截留作用，又称“筛滤”。

当滤层孔隙内存在悬浮颗粒物的浓度梯度，并使水中的悬浮颗粒物扩散到滤料颗粒的表面上时，俘获的机理就属于扩散作用。

水流动力效应的概念说明如下：滤层中曲曲折折的水流由于通道是由无数多的形状极不规则的孔隙串联而成的，这使得每个孔隙中的水流形成一个随时间变化的非均匀层流流场，在这个流场中的颗粒物，将会在产生旋转运动的同时，跨越流线做横向运动。对于形状不对称的颗粒，这种运动还会得到加强。孔隙中颗粒物的横向运动，使得它能够到达滤料颗粒的表面，完成去除的作用。

对于小颗粒(例如 $d<1\ \mu m$)，主要是扩散作用，而惯性力、重力及水流作用可忽略，并且颗粒越小，扩散作用越大；相反，对于较大的颗粒，扩散作用十分微弱，而惯性力、重力及水流开始起主要作用，并且颗粒越大，惯性力、重力及水流作用越大。一般地，对于粒径较大的颗粒，截留(或称“筛滤”)作用会发挥至关重要的作用，而与截留作用直接相关的是滤料间的孔隙大小。滤料间的孔隙越小，截留作用越强，出水水质越好；反之，出水水质越差。

本试验中，滤珠滤池的除浊效果明显优于陶粒滤池。在原水水质相同的情况下，两种滤池的除浊效果产生如此大的差异，这应该归功于滤珠滤池滤料层中的孔隙较小，滤层的截留作用较强。滤珠滤池的滤料粒径仅为 1～2 mm，远小于陶粒滤池的 6～8 mm，滤珠滤料间的孔隙也远小于陶粒，因此对水中悬浮颗粒的截留作用强于陶粒滤池。

2.2.2 对色度的去除效果

纯水为无色透明，清洁水在水层浅时应为无色，深时为浅蓝绿色。天然水中存在腐殖质、泥土、浮游生物、铁和锰等金属离子时，均可使水体着色。

纺织、印染、食品、造纸、有机合成工业的废水中常含有大量的染料、生物色素和有色悬浮微粒等，因此常常是使环境水体着色的主要污染源。有色废水常给人以不愉快感，排入环境后又使天然水着色，减弱水体的透光性，影响水生生物的生长。

水的颜色定义为“改变透射可见光光谱组成的光学性质”，可区分为“表观颜色”和“真实颜色”。

“真实颜色”是指去除浊度后水的颜色。测定真色时，如水样浑浊，应静置澄清后，取上清液或用孔径为 0.45 μm 的微滤膜过滤，也可经离心后再测定。没有去除悬浮物的水所具有的颜色称为“表观颜色”，包括溶解物和不溶解的悬浮物所产生的颜色，测定未经过滤或离心的原始水样的颜色即为“表观颜色”。清洁或低浊度水样的两种颜色相近。对于着色很深的工业废水，其颜色主要由胶体和悬浮物造成，故可根据需要测定“真实颜色”和“表观颜色”。

水的色度单位是“度”，即在每升溶液中含有 2 mg 六水合氯化钴（Ⅱ）（相当于 0.5 mg 钴）和 1 mg 铂（以六氯铂（Ⅳ）酸的形式）时产生的颜色为 1 度。

试验期间，滤珠滤池对色度表现出了良好的去除效果（图 2.5）。待滤水的平均色度为 33.6 度，滤珠滤池出水的平均色度为 5.0 度，陶粒滤池出水的平均色度为 17.8 度。滤珠滤池对色度的平均去除率为 85.1%，比陶粒滤池提高了 38.1%，表明滤珠滤池能够有效去除水中能够形成色度的胶体及悬浮物。

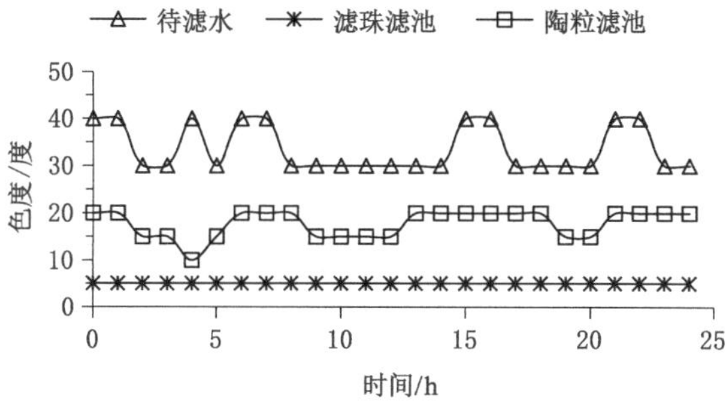

图 2.5　两种滤池对色度的去除效果

滤池对色度的去除是通过去除水中能够产生色度的胶体和悬浮物实现的。由于滤珠滤池能够更好地除浊，即能够更好地去除水中致色的胶体和悬浮物，因此取得了更好的除色效果。

2.2.3　对 COD 的去除效果

COD 反映了水中受还原性物质污染的程度，这些还原性物质包括有机物、亚硝酸盐、亚铁盐、硫化物等。水被有机物污染是很普遍的，因此 COD 也被作为有机物相对含量的指标之一，但它只能反映被氧化的有机物污染，不能反映多环芳烃、多氯联苯、二噁英类等的污染状况。

COD 的常用检测方法主要有两种，一是重铬酸钾法，二是高锰酸盐指数法。重铬酸钾法是指在强酸和加热条件下，用重铬酸钾为氧化剂处理水样时所消耗氧化剂的量，以氧的 mg/L 来表示。高锰酸盐指数法，是指在酸性或碱性介质中，以高锰酸钾为氧化剂，处理水样时所消耗的量，同样以氧的 mg/L 来表示。两者的适用范围不同，高锰酸盐指数法适用于浓度低于 10 mg/L 的 COD，而重铬酸钾法在 COD 低于 10 mg/L 时的测量准确度较差。因此，对于污水，我国规定用重铬酸钾法；而对于河流、湖泊等地表水体，由于有机物含量普遍较低，一般用高锰酸盐指数法。

有机物去除方法主要有三类，分别是物理方法、化学方法和生物方法。对于胶体和呈悬浮态的有机颗粒，可以使用混凝、沉淀、过滤的方法予以去除。对于呈溶解态的有机物，可以使用强氧化剂氧化分解，也可以使用生物法予以降解。目前，去除有机物的生物方法主要有两种，一种是活性污泥法，另一种是生物膜法[26]。

向生活污水注入空气进行曝气，并持续一段时间以后，污水中会生成一种絮凝体，内部栖息着大量的细菌、真菌、原生动物和后生动物，形成一个特有的生态系统。这些微生物（主要是细菌）以污水中的有机物为食，进行代谢和繁殖，从而降低了污水中有机物的含量。活性污泥反应的结果使得污水中的有机污染物得到降解而去除，活性污泥本身得以繁衍增长，污水得到净化处理。这种由大量繁殖的微生物群体所构成的絮凝体易于沉淀分离，并使污水得到澄清，被称为“活性污泥”。所谓活性污泥法则是以活性污泥为主体的生物处理方法。

生物膜法是与活性污泥法平行发展起来的好氧生物处理技术，这种处理方法的实质是使细菌一类的微生物和原生动物、后生动物一类的微型动物附着在载体表面生长繁殖而形成膜状的生物污泥-生物膜，污水中的有机污染物和空气中的氧与生物膜接触并扩散其中，污水中的溶解性及胶体状有机污染物作为营养物质被生物膜上的微生物所摄取，污水得到净化，微生物自身也得到繁衍增殖。

微生物细胞几乎能在水环境中的任何适宜的载体表面牢固地附着，并在其上生长和繁殖，微生物在载体表面的附着是在载体表面形成生物膜的第一步。随后，微生物在给定的环境下繁殖增长，最终发展成为具有一定厚度和密度的生物膜。影响微生物在载体表面附着、生长的因素有很多，主要归纳为三大类，分别是微生物自身性质、载体表面性质以及环境特性。目前，在水处理中应用的生物膜载体种类非常多，基本上可以分为无机类载体和有机类载体。常用的无机类载体有砂子、碳酸盐石料、各种玻璃材料、沸石类、陶瓷材料、矿渣、陶粒、活性炭（包括粒状及粉末活性炭）等，大多数无机类载体的机械强度较好，然而自身密度较大，不适宜做流态化运行。有机类载体主要有聚氯乙烯（PVC）、聚乙烯

(PE)、聚丙烯(PP)、各类树脂、纤维等,有机类生物载体具有高强度、质轻、可加工成任意形状的优点,可以很好地满足反应器物理和生物特性的需要。在不同的生物膜法工艺中,通常选用不同类型的生物膜载体,而对载体的习惯叫法也不同。生物滤池工艺把附着生物膜的载体称为滤料,生物接触氧化工艺称其为填料,而生物转盘工艺称其为盘片。在实际工程中,要正确地选择生物膜载体,以使反应器高效运行。

与活性污泥法相比,生物膜工艺具有以下特征:① 对水质、水量变动有较强的适应性,即使有一段时间进水中断或工艺遭到破坏,也不会对生物膜的净化功能产生致命的影响,通水后能够较快地得到恢复。② 污泥沉降性良好,易于固液分离。另外,剩余污泥产生量较少,还可降低污泥处理与处置费用。③ 适于处理低浓度污水。活性污泥法不适于处理低浓度污水,当原水中的 BOD_5 浓度长期低于 50～60 mg/L 时,将影响活性污泥絮体的形成和增长,净化效果下降。但生物膜反应器对低浓度污水也能取得较好的处理效果,可使 BOD_5 由 20～30 mg/L 降至 5～10 mg/L,这是活性污泥法无法比拟的。④ 维护简单,运行费用低。由于生物膜附着在载体表面,除了老化脱落以外,一般不会随水流流出反应器,因此一般不需要污泥回流,这样就节省了大量的动力费用;也不需要经常调整反应器内的污泥量和剩余污泥排放量,易于运行维护和管理。另外,活性污泥法易发生污泥膨胀问题,而生物膜反应器即使丝状菌大量繁殖,也不会导致污泥膨胀,相反还可以利用丝状菌较强的分解氧化能力,提高处理效果。

试验期间,滤珠滤池和陶粒滤池对 COD 均表现出了良好的去除效果(图 2.6)。待滤水的 COD 平均浓度为 5.05 mg/L,滤珠滤池和陶粒滤池出水的 COD 平均浓度分别为 3.30 mg/L 和 3.37 mg/L。滤珠滤池对 COD 的平均去除率为 34.7%,比陶粒滤池提高了 1.4%,表明滤珠滤池能够很好地去除有机物。由于聚苯乙烯滤珠的比表面积较小,滤料表面附着生长的生物膜数量较少,并且由于滤珠滤池的滤速较高,原水在滤料层中的水力停留时间(HRT)很短(仅有 9 min),因此生物膜的生物降解功能在滤珠滤池中所起的作用很小,滤珠滤池对 COD 的去除应该主要是通过截留水中的胶体及悬浮物来实现的。水中胶体和悬浮物中含有有机物,而滤珠滤池具有优秀的除浊能力,COD 去除能力自然得以提升。而陶粒滤池对 COD 的去除作用有两个:一是通过去除水中胶体和悬浮物实现 COD 的去除;二是陶粒具有远大于聚苯乙烯滤珠的比表面积,陶粒表面可以生长一定数量的生物膜,而生物膜可以通过吸附和生物降解作用去除水中的有机物。因此,虽然陶粒滤池的除浊效果明显低于滤珠滤池,但仍然取得了与滤珠滤池接近的 COD 去除效果。

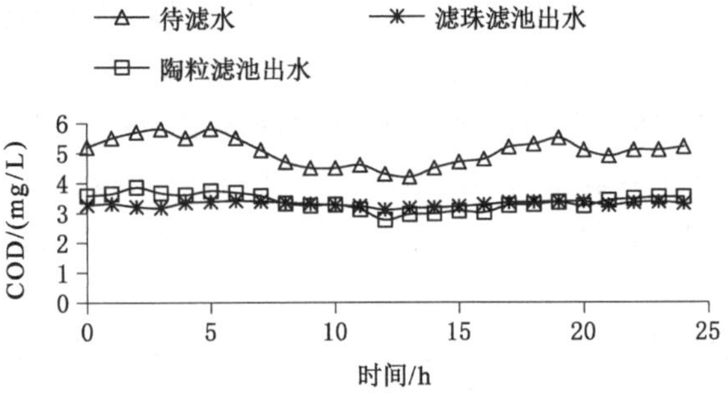

图 2.6　两种滤池对 COD 的去除效果

2.2.4　对氨氮的去除效果

氨氮以游离氨(NH_3)或铵盐(NH_4^+)形式存在于水中,两者的组成比取决于水温和 pH 值。当 pH 值偏高时,游离氨的比例较高;反之,则铵盐的比例较高。水温则相反。

水中氨氮的来源主要是生活污水中含氮有机物受微生物作用的分解产物,某些工业废水,如焦化废水和合成氨化肥厂废水等,以及农田排水。此外,在缺氧环境中,水中存在的亚硝酸盐亦可受微生物作用,还原为氨。在有氧环境中,水中氨亦可转变为亚硝酸盐,甚至继续转变为硝酸盐。

生物膜上的生物固体停留时间较长,故能够生长世代时间较长、比增殖速度很小的微生物,例如硝化细菌。因此,生物膜处理法的各项工艺都具有一定的硝化功能,具有很好的氨氮去除效果。

试验期间,陶粒滤池对氨氮表现出了良好的去除效果(图 2.7)。待滤水的氨氮平均浓度为 0.60 mg/L,陶粒滤池和滤珠滤池出水的氨氮平均浓度分别为 0.37 mg/L 和 0.46 mg/L。陶粒滤池对氨氮的平均去除率为 38.3%,比滤珠滤池提高了 15%。陶粒滤池的除浊能力明显低于滤珠滤池,但氨氮去除率却明显提升,这只能用生物膜的生物降解能力来解释。采用天然黏土等材料制备而成的陶粒比聚苯乙烯滤料具有更强的亲水性和更大的比表面积,更容易形成浓度较高的生物膜,而生物膜上栖息繁殖着世代时间较长的硝化细菌,因此氨氮去除能力得以明显提升。滤珠滤池对氨氮的去除作用应该主要是通过去除水中的悬浮颗粒实现的,这些悬浮颗粒上附着有氨氮。

2.2.5　对叶绿素 a 的去除效果

叶绿素是植物光合作用中的重要光合色素。通过测定浮游植物叶绿素,可

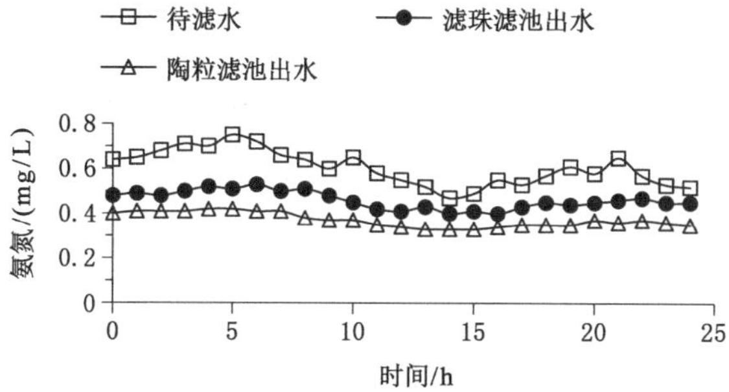

图 2.7　两种滤池对氨氮的去除效果

掌握水体的初级生产力情况。在环境监测中,可将叶绿素 a 含量作为湖泊富营养化的指标之一。

试验期间,滤珠滤池对叶绿素 a 表现出了较好的去除效果(图 2.8)。待滤水的叶绿素 a 平均浓度为 17.5 μg/L,滤珠滤池和陶粒滤池出水的叶绿素 a 平均浓度分别为 13.2 μg/L 和 15.3 μg/L。滤珠滤池对叶绿素 a 的平均去除率为 24.6%,比陶粒滤池提高了 12%。由于叶绿素 a 反映的是水中浮游植物的含量,而浮游植物可被滤料层有效截留,因此滤池可有效去除叶绿素 a。由于滤珠滤池的除浊性能明显高于陶粒滤池,即滤珠滤池对水中的胶体及悬浮物(包括浮游植物)的去除能力明显高于陶粒滤池,因此滤珠滤池对叶绿素 a 的去除能力也明显优于陶粒滤池。

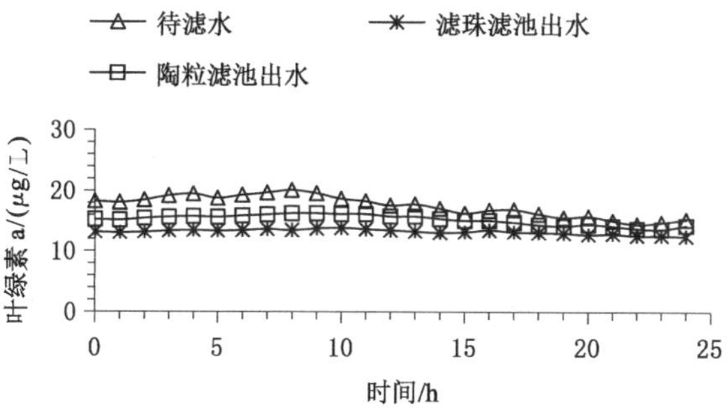

图 2.8　两种滤池对叶绿素 a 的去除效果

2.2.6　冲洗效果

陶粒滤池刚投入使用时的清洁滤层过滤水头损失为 5.3 cm,过滤到第 24 h 时的水头损失为 17.2 cm,冲洗结束后的清洁滤层水头损失为 5.7 cm,表明冲洗效果良好。而滤珠滤池的上述三项过滤水头损失分别为 8.2 cm、61 cm 和 48 cm,表明冲洗效果非常差。

对滤珠滤池进行改造(使用三通将冲洗水管与清水管对接,冲洗废水排放管与原水管对接),将冲洗方式改为:① 启动风机并打开气冲管上的阀门进行气冲,气冲强度为 8 L/(s·m^2),气冲时间为 3 min;② 打开冲洗废水排放管上的阀门,泄空池内的冲洗废水,泡沫滤珠随水位的降低而下落并变得松散,泄空时间约为 5 min;③ 停止气冲,启动冲洗水泵,自上而下冲洗泡沫滤珠滤层,冲洗强度为 6 L/(s·m^2),板结粘连的泡沫滤珠继续下落并变得更加松散。调整冲洗废水排放管上的阀门,使池中水位逐渐上升,直至淹没滤板,此阶段时间约为 4 min;④ 保持水冲强度不变,继续冲洗 3 min,冲洗结束。经检测,冲洗结束后的清洁滤层过滤水头损失降至 8.5 cm,表明冲洗效果良好。

2.3 讨论

过滤过程中,水流在滤层中的孔隙内流动,被水流挟带的颗粒,在沉淀、拦截、惯性和水动力等的作用下会脱离水的流线而与滤料表面接近,并在范德瓦耳斯力、静电引力、某些化学键等的作用下黏附在滤料表面,因此浊度会降低;以悬浮物状态存在的有机物、致色物质以及藻类会被去除,因此色度、COD、氨氮、叶绿素 a 等指标会相应降低。由于试验中使用的陶粒粒径较大(粒径小于 3~5 mm 的陶粒难以制作),陶粒滤层中的孔隙较大,因此陶粒滤池对水中悬浮物的截留能力较差,除浊、除色以及除藻的性能明显低于滤珠滤池。但是,陶粒具有多孔结构,比表面积较大,在适宜的条件下培养一段时间后会在陶粒表面生长一定数量的生物膜,对有机物的去除能力以及硝化能力会增强,因此陶粒滤池对 COD 的去除能力与滤珠滤池接近,对氨氮的去除能力甚至超过了滤珠滤池。

陶粒的密度与水相差不大,随着水位的下降,整个陶粒滤层会相应下降。水冲时,含高浓度悬浮物的冲洗废水可以从侧壁外的排水渠排走。但滤珠由于密度过小,较小的淹没水深就会产生巨大的浮力,从而将整个滤层托起,使滤珠被紧密挤压在水平滤板之下。若采用上向流水冲,会使得滤层被挤压得更加紧密,滤层中截留的污染物质难以被冲出;若采用下向流水冲,则需要很高的冲洗强度,即需要很高的重力水头,滤池的深度会大幅度提高,意味着基建费用会大幅增高;而采用泄空的方式,既可以排除高浓度冲洗废水,又可以使滤珠下落并变得松散,下向流水冲时就可以很容易地将滤珠漂洗干净,所需水量不大。

2.4　小结

(1) 两种轻质滤料滤池均表现出了良好的水质净化效果。其中,滤珠滤池的出水平均浊度、色度、COD 和叶绿素 a 分别为 0.18 NTU、5.0 度、3.30 mg/L 和 13.2 μg/L,去除效果比陶粒滤池分别提高了 58.0%、38.1%、1.4%和 12%;出水平均氨氮浓度为 0.46 mg/L,去除效果比陶粒滤池降低了 15%。

(2) 由于陶粒的粒径较大,陶粒滤池对水中悬浮物的截留能力较差,因此对浊度、色度和叶绿素 a 的去除能力明显低于滤珠滤池;但由于生物膜的参与,陶粒滤池对水中有机物的去除能力和硝化能力均增强,因此对 COD 的去除能力与滤珠滤池接近,对氨氮的去除能力甚至超过了滤珠滤池。

(3) 陶粒的密度与水相比相差不大,水冲时陶粒滤层可降落至侧壁缝隙滤板处,因此能够取得很好的冲洗效果。滤珠的密度过小,上向流水冲时滤珠在水的浮力作用下被挤压在水平滤板之下,滤层中截留的污染物难以被排出。但滤珠滤池经简单改造后,采用"气冲+泄空+下向流水冲"的冲洗方式可以取得很好的冲洗效果。

(4) 综上所述,最终确定滤珠作为新型上向流轻质滤料滤池的滤料。由于滤珠的密度非常小(堆积密度仅为 20 kg/m^3),因此将其称为超轻滤料,而上向流滤珠滤池又可被称为上向流超轻滤料滤池(UUF)。

第3章 UUF优化技术与超轻滤料卫生安全性测定

与传统的石英砂滤料相比，聚苯乙烯滤料具有以下明显优势：① 价格便宜。饮用水处理领域的石英砂滤料市场价格约为700元/t，石英砂的堆积密度为1 600～1 800 kg/m^3，据此计算，石英砂滤料的价格可换算为1 120～1 260元/m^3。聚苯乙烯滤料的市场价格为580元/m^3，仅为石英砂滤料价格的一半。② 人工费低廉。由于聚苯乙烯滤料的密度极小(15～20 kg/m^3)，安装、搬运所产生的人工费极其低廉，尤其是在交通不便的偏远山区，这种优势格外明显，搬运同体积滤料的人工费用，聚苯乙烯滤料可比石英砂降低98%以上。但是，UUF在实际运行过程中普遍面临一个技术难题，即滤料难冲洗、易板结。

滤层在过滤过程中会逐渐被截留的悬浮物堵塞，滤料孔隙率逐渐减小，滤层水头损失不断增大。当滤层的水头损失达到滤池的过滤作用水头时，或出水浊度达到穿透值时，过滤结束，这时需要对滤层进行冲洗，冲洗的目的是清除聚集在滤层中截留的悬浮物，减小过滤水头损失，恢复滤层的过滤能力。对于下向流石英砂滤池而言，冲洗方式主要有三种，分为高速水流反冲洗、气水冲洗和表面冲洗，在实际生产运行过程中使用的冲洗方式以前两种居多。

高速水流反冲洗是滤池最常用的冲洗方式，它利用流速较大的上向水流冲洗滤料层，使整个滤层达到流态化且具有一定的膨胀度(例如单层细砂的滤池冲洗时的膨胀度应控制在45%左右)，黏附在滤料表面的悬浮颗粒在水流剪切力和颗粒碰撞摩擦力双重作用下(以水流剪切力作用为主)脱落去除，现行《室外给水设计标准》(GB 50013—2018)规定的高速水流反冲洗强度及冲洗时间见表3.1[5]。据理论计算，水流所产生的剪切力数值较小，对剥离滤料表面所沉积的悬浮颗粒的能力有限，这是单纯用水反冲洗很难完全冲洗干净滤料的根本原因。

表3.1 单水冲洗滤池的冲洗强度、滤料膨胀度及冲洗时间(水温20 ℃时)

滤料组成	冲洗强度/[L/(m^2·s)]	膨胀度/%	冲洗时间/min
单层细砂级配滤料	12～15	45	7～5
双层煤砂级配滤料	13～16	50	8～6

为了改进滤层冲洗效果，滤池水流反冲洗时常辅以气冲洗。所谓气冲洗就是借助空气对滤层的搅动作用，使滤料颗粒振动、旋转、相互摩擦，从而使附着在滤料表面的悬浮颗粒脱落，然后进行低速水流反冲洗。水冲洗的目的是对滤料进行漂洗，并将脱落的悬浮颗粒带出滤池，因此所需流速较低，冲洗水量较小。

气水冲洗方式又有三种：① 先气冲洗后水冲洗。空气擦洗使悬浮颗粒从滤料表面脱落，水流反冲洗以较小的冲洗强度使滤层膨胀，把悬浮颗粒带出滤池。这种方式能够避免滤料被反冲洗水带出滤池，适用于细滤料和密度小的滤料的冲洗。② 先气水同时冲洗，再单独水冲洗。③ 按气冲洗、气水混合冲洗和水冲洗的顺序进行冲洗。现行《室外给水设计标准》(GB 50013—2018)规定的气水冲洗强度及冲洗时间见表 3.2。

表 3.2　气水冲洗滤池的冲洗强度及冲洗时间

滤料种类	先气冲洗		气水同时冲洗			后水冲洗		表面扫洗	
	强度/[L/(m²·s)]	时间/min	气强度/[L/(m²·s)]	水强度/[L/(m²·s)]	时间/min	强度/[L/(m²·s)]	时间/min	强度/[L/(m²·s)]	时间/min
单层细砂级配滤料	15～20	3～1	—	—	—	8～10	7～5	—	—
双层煤砂级配滤料	15～20	3～1	—	—	—	6.5～10	6～5	—	—
单层粗砂均匀级配滤料	13～17 (13～17)	2～1 (2～1)	13～17 (13～17)	3～4 (1.5～2)	4～3 (5～4)	4～8 (3.5～4.5)	8～5 (8～5)	1.4～2.3	全程

注：(1) 表中单层粗砂均匀级配滤料中，无括号的数值适用于无表面扫洗的滤池；括号内的数值适用于有表面扫洗的滤池；
(2) 不适用于翻板滤池。

表面冲洗是指从滤池上部，用喷射水流向下对上层滤料进行清洗的操作，利用喷嘴所提供的射流冲刷作用，使得滤料颗粒表面黏附的污泥脱落去除。喷嘴的孔径一般为 3～6 mm。由理论计算可知，表面冲洗对滤料颗粒表面黏附的悬浮颗粒有较大的剥离作用。表面冲洗设备主要有固定管式和旋转管式两种。固定管式一般由布置在砂面上 5 cm 处带有防砂孔口装置的水平管道系统组成，孔眼与水平方向呈 30°角向下，冲洗强度为 1.4 L/(m²·s)。旋转管式利用中心两侧方向相反的两组射流的反作用力推动喷水管旋转。由于旋转管式射流的湍动作用容易把滤料冲入反冲洗水流中，因此必须确保射流位置处于膨胀后滤层的内部。

由于聚苯乙烯滤料的密度过小，在水的巨大浮力作用下会紧密挤压在滤板之下。若采用传统的上向流水冲洗方式，会使得滤料挤压得更紧密，滤料间截留的污染物难以被冲出。若采用下向流水冲洗方式，则需要很高的冲洗强度，滤池深度要大幅增加，基建费用会大幅增高。由此可知，表 3.1 和表 3.2 中传统的冲洗方法都不适用于 UUF，这就导致了 UUF 在运行过程中的冲洗效果很差，运行一段时间后滤料层会板结，滤料层过滤阻力非常大，过滤能力大幅度下降。

针对 UUF 滤料层易板结、难冲洗的问题，提出了一种操作简便、效果良好的适用于超轻滤料的冲洗方法（专利号：ZL 202110930288.2）[23]，采用 UUF 中试装置处理某校园内的湖水，对相关关键技术进行优化，并对优化运行的 UUF 处理效能进行研究；委托第三方机构，对超轻滤料的卫生安全指标进行了测定。

3.1 材料与方法

3.1.1 试验装置

UUF 中试装置外观为 DN400 的有机玻璃圆柱，超轻滤料的堆积密度为 20 kg/m^3，滤料层厚度为 1 200 mm，过滤方向为上向流，工艺流程如图 3.1 所示。其中，冲洗废水排放管的形状呈“U”形，可有效防止超轻滤料随冲洗废水排走。过滤时，原水自原水管进入滤池底部，水流自下而上经过配水区、滤料层，穿过滤头进入滤板上方的清水区，然后通过清水管进入清水池。此时，气冲管、冲洗水管和冲洗废水排放管上的阀门处于关闭状态，鼓风机和冲洗水泵处于停机状态。当滤料层中截留的污染物较多时，按照以下步骤进行冲洗：① 启动鼓风机，打开气冲管上的阀门进行气冲，冲洗时间为 1～3 min；② 保持气冲强度不变，打开冲洗废水排放管上的阀门，在 3～5 min 时间内泄空池内冲洗废水；③ 停止气冲，启动冲洗水泵并打开冲洗水管上的阀门进行水冲，并在 2～4 min 时间内将池内水位上升到滤板以上；④ 继续水冲并保持冲洗强度不变，时间为 3～5 min。

3.1.2 原水水质

待过滤水为某一体化饮用水处理设备的沉淀池出水，该一体化设备以某校园内的湖水为原水，工艺流程为混凝-网格式絮凝池-斜管沉淀池-无阀滤池。其中，混凝剂采用聚合氯化铝（有效成分为 30%），投加量为 3.5 mg/L；网格式絮凝池的絮凝时间为 20 min；斜管沉淀池的沉淀时间为 30 min；无阀滤池的滤料为石英砂，粒径为 0.9～1.35 mm，K_{80} = 1.82，滤层厚度为 700 mm，滤速为 7 m/h。湖水与待过滤水的水质情况见表 3.3。

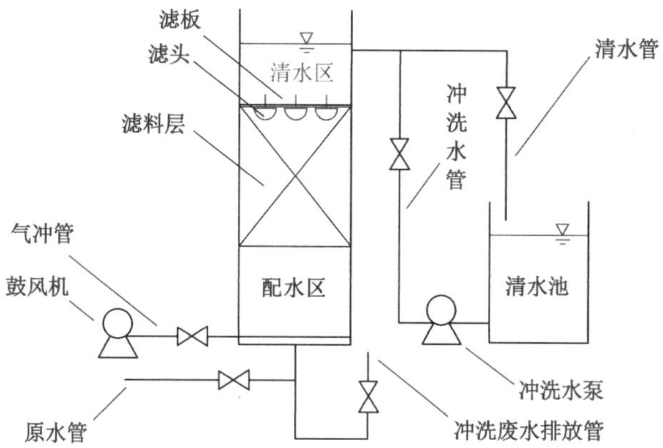

图 3.1　UUF 工艺流程结构图

表 3.3　湖水与待过滤水的水质情况

水样类别	浊度 /NTU	色度 /度	COD /(mg/L)	氨氮 /(mg/L)	pH	水温 /℃
湖　水	4.23～6.52	30～50	5.5～7.3	0.4～0.7	7.36～7.58	20～25
待过滤水	3.64～6.41	30～40	4.8～6.5	0.3～0.6	7.31～7.53	20～25

3.1.3　试验方法

将滤速控制在 8 m/h，同时运行三种不同粒径(0.5～1.0 mm、1.0～2.0 mm 和 2.0～3.0 mm)的 UUF，每小时检测 1 次滤后水浊度，确定最佳的滤料粒径级配；在四种不同滤速条件下(8 m/h、12 m/h、16 m/h 和 24 m/h)运行 UUF，每小时检测 1 次滤后水浊度和过滤水头损失，确定最佳滤速范围；当 UUF 运行至第 24 h 时，自滤层底部向上每隔 100 mm 取样检测滤后水浊度，确定最佳滤层厚度；在不同水冲强度下冲洗滤池，检测冲洗废水浊度，确定最佳水冲强度；在不同气冲强度下冲洗滤池，冲洗完毕后检测清洁滤层过滤水头损失，确定最佳气冲强度；自滤池过滤出水开始，每隔 5 min 取样检测滤后水浊度，分析 60 min 内的滤后水浊度变化情况，确定最佳初滤水排放时间；按照优化后的工艺参数运行 UUF，检测过滤前后的浊度、色度、COD、氨氮等指标，并将结果与一体化设备中的无阀滤池(石英砂滤池)相比较，对其处理效能进行研究。

委托江苏慧创环境检测有限公司依据《生活饮用水输配水设备及防护材料的安全性评价标准》(GB/T 17219—1998)[27]对试验中所用的聚苯乙烯超轻滤

料进行了卫生安全检测，以确定滤料的化学稳定性。

3.1.4 分析方法

COD 采用高锰酸盐指数法、氨氮采用纳氏试剂分光光度法、色度采用铂钴比色法[25]、浊度采用 Turb550 浊度仪、pH 采用 Orion868-2 型 pH 计测定；过滤水头损失根据过滤前后的测压管水头差进行计算，水温采用温度计测定。

超轻滤料化学稳定性的测定方法采用 GB/T 5750.1～10—2023 相关标准。样品处理方法按照《生活饮用水输配水设备及防护材料的安全性评价标准》附录 A 进行，样品浸泡水采用附录 A1.3.1 节配制，浸泡时间为 24 h±1 h，浸泡温度为 25 ℃±5 ℃。

3.2 结果与讨论

3.2.1 滤料粒径级配的优化

滤层的厚度与滤料粒径有关。如果滤料粒径小，滤层不易穿透，滤层厚度可以较薄；相反，如果滤料粒径大，滤层容易泄漏，需要的滤层厚度较深，但过滤的水头损失较小。因此，从保证水质考虑，可以采用较小的滤料粒径和较薄的滤层厚度，或者较粗的滤料粒径和较深的厚度。此外，滤料粒径和厚度也与滤速有关。过滤周期相同，采用滤速高，要求滤层总的截污容量也高，以发挥滤层的深层截污能力，一般可采用较粗的滤料颗粒和较厚的滤层。

滤料的级配是指滤料中各种粒径颗粒所占的质量比，是表征滤料粒径分布的重要指标，主要用有效粒径 d_{10} 和不均匀系数 K_{80} 来描述。

$$K_{80}=\frac{d_{80}}{d_{10}} \tag{3.1}$$

式中 d_{10}——通过滤料质量 10%的筛孔孔径，反映细滤料尺寸；

d_{80}——通过滤料质量 80%的筛孔孔径，反映粗滤料尺寸；

K_{80}——不均匀系数。

过滤时，表层细滤料水头损失增长快，占总水头损失的比例大，故当滤料的 d_{10} 相等时，即使级配曲线不同，过滤时产生的水头损失也基本相等。因此，在水处理术语中，称 d_{10} 为滤料的有效粒径。不均匀系数越大，表明大小颗粒粒径差别越大，滤料粒径的分布越不均匀，对过滤和反冲洗都不利。

《室外给水设计标准》(GB 50013—2018)对滤池滤速及滤料组成的规定见表 3.4。

表 3.4　滤池滤速及滤料组成

滤料种类	滤料组成			正常滤速/(m/h)	强制滤速/(m/h)
	有效粒径/mm	不均匀系数	厚度/mm		
单层细砂滤料	石英砂 $d_{10}=0.55$	$K_{80}<2.0$	700	6～9	9～12
双层滤料	无烟煤 $d_{10}=0.85$	$K_{80}<2.0$	300～400	8～12	12～16
	石英砂 $d_{10}=0.55$	$K_{80}<2.0$	400		
均匀级配粗砂滤料	石英砂 $d_{10}=0.9\sim1.2$	$K_{60}<1.6$	1 200～1 500	6～10	10～13

过滤期间，三种粒径聚苯乙烯滤料(0.5～1.0 mm、1.0～2.0 mm 和 2.0～3.0 mm)的平均滤后水浊度分别为 0.03 NTU、0.07 NTU 和 2.56 NTU，第 24 h 时的滤后水浊度分别为 0.04 NTU、0.16 NTU 和 3.62 NTU(图 3.2)。粒径 2.0～3.0 mm 的滤后水浊度明显超标，予以排除。粒径 0.5～1.0 mm 和 1.0～2.0 mm 的滤后水浊度均非常优良，但考虑到粒径较小的滤料间的孔隙也较小，过滤水头损失会较大，运行能耗较高，因此最终选定粒径 1.0～2.0 mm 的滤珠作为滤料。经检测，该粒径滤料的 $K_{80}=d_{80}/d_{10}=1.76/1.51=1.17$，表明滤料的粒径均匀性非常好。

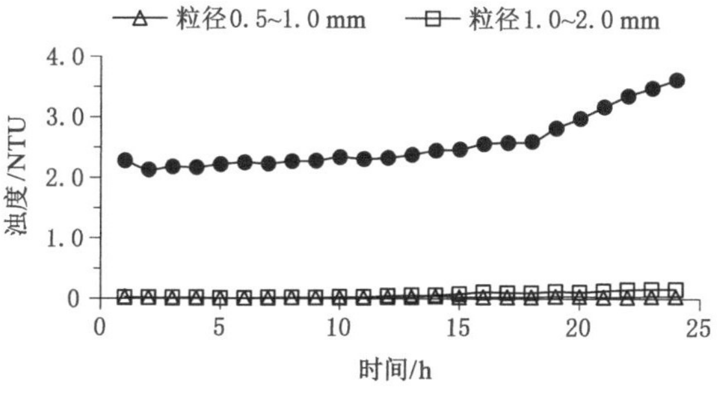

图 3.2　三种粒径条件下的滤后水浊度变化情况

3.2.2　滤速的优化

滤速与出水水质密切相关。当滤速较大时，滤层对水中悬浮颗粒的截留能力变差，出水水质会下降；反之，当滤速较小时，滤层对水中悬浮颗粒的截留能力增强，出水水质会提高。表 3.4 列举了几种滤池的正常滤速，但笔者通过调研在实际生产中运行的很多滤池后发现，无论是单层细砂滤料滤池(例如普通快滤池)还是均匀级配粗砂滤料滤池(例如 V 形滤池)，运行中的实际滤速一般都为下限值；对于煤砂双层滤料滤池，实际滤速明显低于《室外给水设计标准》

(GB 50013—2018)中的正常滤速，基本与普通快滤池一致。

本次试验中的超轻滤料粒径为 1.0～2.0 mm，K_{80} = 1.17，滤层厚度为 1 200 mm。试验结果表明，当滤速分别为 8 m/h 和 12 m/h 时，运行至第 24 h 的滤后水浊度分别为 0.15 NTU 和 0.18 NTU；当滤速为 16 m/h 时，运行至第 24 h 的滤后水浊度为 0.35 NTU，虽然在第 11 h 和第 20 h 时有两次明显的跃变（滤后水浊度短时间内超过了 0.6 NTU），但整个过滤期间的滤后水浊度均未超过 0.70 NTU；当滤速为 24 m/h 时，运行到第 9 h 的滤后水浊度就超过了 1.0 NTU（图 3.3）。

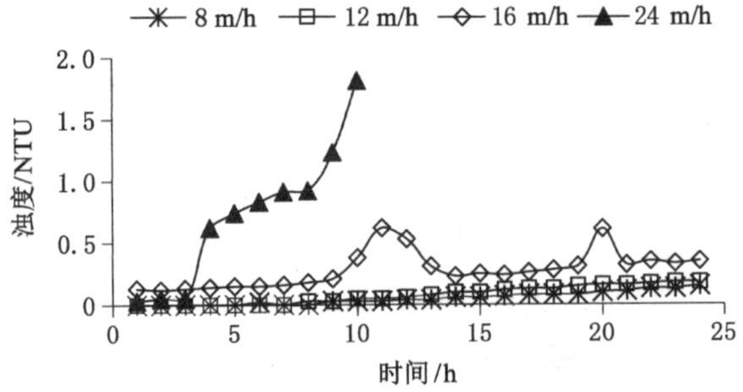

图 3.3　四种滤速条件下的滤后水浊度变化情况

试验中同时发现，滤速越快，过滤水头损失的增长速度也越快。当滤池运行至第 24 h 时，滤速 8 m/h、12 m/h 和 16 m/h 对应的过滤水头损失分别为 61 cm、71 cm 和 85 cm；当滤速为 24 m/h 时，滤池运行至第 10 h 的水头损失就达到了 72 cm。综合考虑滤后水浊度、运行稳定性以及过滤水头损失，最终将 UUF 的正常滤速确定为 8～12 m/h，强制滤速确定为 12～16 m/h。

现行《室外给水设计标准》(GB 50013—2018)规定的单层石英砂滤池正常滤速为 6～9 m/h，强制滤速为 9～12 m/h。而且，很多水厂在运行中也发现，单层石英砂滤池的正常滤速一般不超过 7 m/h。因此，两相比较后可知，UUF 在滤速方面有非常显著的优势。另外，运行至第 24 h 时，单层石英砂滤池的过滤水头损失可达 1.5～2.0 m，而 UUF 在三种滤速(8 m/h、12 m/h 和 16 m/h)条件下均未超过 0.9 m，因此 UUF 可大幅度降低净水厂的基建费用。一般情况下，由沉淀池出水口与滤池进水口之间的水头差来抵消过滤水头损失，过滤水头损失越小，该水头差就越小，沉淀池、絮凝池以及配水井等构筑物的基建费用就越低。

3.2.3　滤层厚度的优化

由表 3.4 可知，工程设计中，单层细砂滤料层厚度为 700 mm，双层滤料（无烟煤、石英砂)层厚度为700～800 mm,均匀级配粗砂滤料层厚度为1 200～1 500 mm。对于滤层的厚度,《室外给水设计标准》(GB 50013—2018)是这样规定的:滤料层厚度与有效粒径之比(L/d_{10}):细砂及双层滤料过滤应大于1 000,粗砂滤料过滤应大于1 250。据此计算,聚苯乙烯超轻滤料的厚度应大于1 000 mm。

另外,L/d_e也是1项滤层厚度设计的控制指标,其中,d_e为当量粒径。对于粒径为d的球形颗粒滤料,其体积为$\pi d^3/6$,表面积为πd^2。在孔隙率为m的单位体积滤料中,滤料所占体积为$(1-m)$,相应的球形滤料颗粒数为$(1-m)/(\pi d^3/6)$,则单位体积球形滤料的总表面积为(比表面积):

$$a=\pi d^2\times\frac{1-m}{\frac{\pi d^3}{6}}=\frac{6\times(1-m)}{d}$$

对于非球形颗粒滤料,其表面积将大于球形颗粒。引入球度系数Φ,得单位体积滤料中非球形颗粒的比表面积为:

$$a=\frac{6\times(1-m)}{\Phi d}\tag{3.2}$$

对于粒径不等的非均匀滤料,可以看作由许多粒径相同的均匀滤料所组成,且粒径为$d_1,d_2,d_3,\cdots,d_n$的颗粒在滤料中所占百分数分别为$p_1,p_2,p_3,\cdots,p_n$,则由式(3.2)可得:

$$a_b=\frac{6\times(1-m)}{\Phi}\left[\frac{p_1}{d_1}+\frac{p_2}{d_2}+\cdots+\frac{p_n}{d_n}\right]=\frac{6\times(1-m)}{\Phi}\sum\frac{p_i}{d_i}\tag{3.3}$$

滤料的当量粒径d_e是指以假想的均匀滤料的粒径,该均匀滤料的比表面积与实际非均匀滤料的比表面积相等,即

$$\frac{6\times(1-m)}{\Phi d_e}=\frac{6\times(1-m)}{\Phi}\sum\frac{p_i}{d_i}$$

整理得当量粒径:

$$\frac{1}{d_e}=\sum\frac{p_i}{d_i}\quad 或\quad d_e=\frac{1}{\sum\frac{p_i}{d_i}}\tag{3.4}$$

水中悬浮颗粒的去除与滤料表面积有密切关系。设滤层厚度为L,得单位面积滤层的体积为$1\times L=L$,滤料的当量粒径为d_e,则单位面积滤层的滤料表面积为:

$$a=L\times\frac{6\times(1-m)}{\Phi d_e}=\frac{6\times(1-m)}{\Phi}\times\frac{L}{d_e}\tag{3.5}$$

由式(3.5)可知,滤层滤料的表面积与L/d_e呈正比关系,如果滤料L/d_e过小,则滤料表面积过小,滤池的除浊效果难以保证,因而工程上将L/d_e作为滤层

设计的 1 项控制指标。实际工程可按《室外给水设计标准》(GB 50013—2018)中 L/d_{10} 的要求选用。

本次试验的聚苯乙烯超轻滤料粒径为 1.0～2.0 mm，K_{80} = 1.17，滤层厚度为 1 200 mm，滤速为 8 m/h。由检测结果可知，底部 400 mm 厚度滤层截留的污染物最多，自滤层底部向上 400 mm 处的滤后水浊度超过了 17.0 NTU；当滤层深度超过 500 mm 时，滤后水浊度迅速下降并在 600 mm 处降到了 1.0 NTU 以下(图 3.4)。

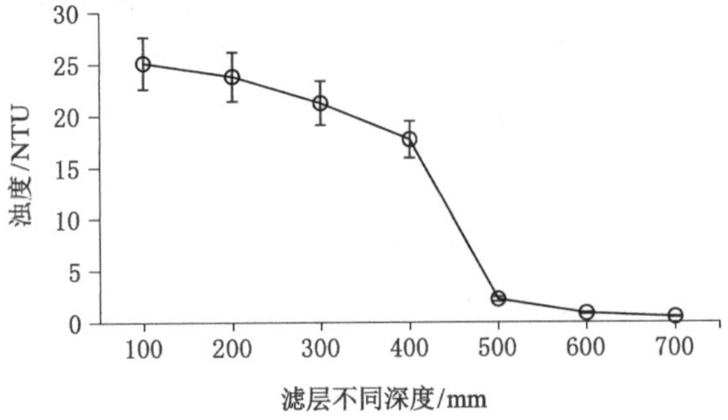

图 3.4　滤层不同深度的滤后水浊度变化情况

另外，整个滤层的颜色随水流方向(自下而上)逐渐变淡。底部 400 mm 范围内的滤层呈浓重的黄褐色，400～600 mm 之间的滤层呈淡褐色，600 mm 以上的滤层呈白色(此为超轻滤料的原色)。

据此判定，超轻滤料层的厚度不宜小于 600 mm。在生产中，为了提高生产的安全性，超轻滤料层的厚度不宜小于 700 mm，该厚度与普通快滤池的滤层厚度相同。综合考虑试验值与计算值，可将超轻滤料层的厚度定为 700～1 000 mm。虽然该值高于单层细砂滤料层，但由于 UUF 不需要安装承托层，因此滤池深度可以大幅度降低，即基建费用会大幅度降低。

在石英砂滤池中，承托层的主要作用是支撑滤料，防止过滤时滤料通过配水系统漏出而进入滤后水中，同时要求反冲洗时保持其稳定，并形成均匀的孔隙，对均匀配水和过滤水收集起协助作用。因而对承托层材料的机械强度、化学稳定性、形状都有一定的要求。承托层的密度与滤层的密度直接相关。为了避免在反冲洗时，承托层中与滤料粒度接近的部分可能发生浮动而处于不稳定状态，这部分承托层材料的密度必须至少与滤料的密度相当。

承托层由若干层卵石，或经破碎的石块、重质矿石构成，按上小下大的顺序排列。常采用天然卵石，也称卵石层。最上层与滤料直接接触，根据滤料底部的粒度来确定卵石的大小。最下层承托层与配水系统接触，必须按配水孔眼的大小确定卵石的大小，一般为孔径的 4 倍左右。最下一层承托层的顶部至少应高于配水孔眼 100 mm。常见的管式大阻力配水系统的承托层情况如表 3.5 所示。

表 3.5　大阻力配水系统承托层材料、粒径与厚度

层次(自上而下)	材料	粒径/mm	厚度/mm
1	砾石	2～4	100
2	砾石	4～8	100
3	砾石	8～16	100
4	砾石	16～32	本层顶面应高出配水系统孔眼 100

当采用滤头配水(气)系统时，承托层可采用粒径 2～4 mm 的粗砂，厚度不宜小于 100 mm。

对于 UUF 而言，由于聚苯乙烯超轻滤料的密度极小，在水的巨大浮力作用下被紧密挤压在滤板下方，滤板上安装有滤头。由于超轻滤料的粒径较大，为 1～2 mm，不必担心滤料会流失，也不必担心配水和反冲洗均匀性的问题，因此不必设置承托层。

3.2.4　影响传统石英砂滤池冲洗效果的技术参数

对传统石英砂滤池冲洗效果影响较大的技术参数主要有三个，分别是冲洗强度、滤层膨胀率和冲洗时间。

1. 冲洗强度

单位滤层面积上所通过的反冲洗水(或气)流量，称为冲洗强度 q，单位为 L/(s・m^2)。也可以换算为以 cm/s 计的反冲洗流速，1 L/(s・m^2)=0.1 cm/s。

2. 滤层膨胀率

反冲洗时，滤料悬浮于上升水流中，使得滤层厚度增大而出现膨胀，滤层膨胀后所增加的厚度与膨胀前厚度之比称为滤层膨胀率 e，用下式表示：

$$e=\frac{L-L_0}{L_0}\times 100\% \tag{3.6}$$

式中　L_0、L——分别为滤层膨胀前和膨胀后的厚度。

由于滤料膨胀前、膨胀后单位滤池面积上的滤料体积(或质量)不变，于是有：

$$L(1-m)=L_0(1-m_0) \tag{3.7}$$

将式(3.7)代入式(3.6),得

$$e=\frac{m-m_0}{1-m} \tag{3.8}$$

式中　m_0、m——分别为滤层膨胀前和膨胀后的孔隙率。

3. 冲洗时间

冲洗强度或滤层膨胀率符合要求,但若冲洗时间不足时,也不能充分地洗掉黏附、包裹在滤料表面的悬浮固体。同时,若冲洗废水排除不彻底也将导致悬浮物重新返回滤层。长此以往,滤层表面将形成泥膜。因此,应当保证必要的冲洗时间。生产上,冲洗强度、滤层膨胀率和冲洗时间根据滤料层的不同,可以参考表 3.1 和表 3.2 选定。实际操作中,冲洗时间也可以根据冲洗废水的允许浊度决定。

3.2.5　冲洗强度与冲洗时间的优化

UUF 的冲洗步骤为先气冲,再泄空,最后水冲。气冲的目的是提供上升气泡,使得超轻滤料颗粒振动、旋转并相互摩擦,将黏附于滤料表面的污染物剥落下来;泄空的目的是排除含有高浓度污染物的冲洗废水;水冲的目的是对滤料层进行漂洗。不难看出,在整个冲洗过程中滤料层不膨胀,因此不必考虑膨胀率,影响 UUF 冲洗效果的只有冲洗强度和冲洗时间。

1. 水冲强度与水冲时间的优化

在 UUF 的冲洗过程中,水冲主要对超轻滤料起漂洗作用,水冲强度大一些,则需要的冲洗时间短一些。在新型冲洗方法的最后一个步骤中,当水冲强度为 4 L/(s・m^2)时,冲洗时间约为 5 min;当水冲强度为 8 L/(s・m^2)时,冲洗时间约为 3 min。以上述两种水冲强度进行冲洗后,冲洗废水的浊度均能小于 1.0 NTU。因此,最终将水冲强度控制在 4～8 L/(s・m^2),水冲时间为 3～5 min。

2. 气冲强度与气冲时间的优化

试验中发现,气冲强度对 UUF 的冲洗效果有重要影响。超轻滤料第一次投入使用时的清洁滤层过滤水头损失为 8.2 cm。当气冲强度分别为 4、5、6、7、8、9 L/(s・m^2)时,按照相同的步骤冲洗相同的时间后(在第一个步骤里冲洗 3 min,在第二个步骤里冲洗 3 min),清洁滤层的过滤水头损失分别为 12.8 cm、9.5 cm、9.0 cm、8.8 cm、8.7 cm、8.5 cm(均为平均值,$n=5$),如图 3.5 所示。很明显,气冲强度超过 5 L/(s・m^2)后即可取得很好的冲洗效果,气冲强度超过 9 L/(s・m^2)后对冲洗效果的继续提升意义不大。因此,最终将气冲强度控制在 5～9 L/(s・m^2),气冲时间为:第一个步骤 1～3 min,第二个步骤 3～5 min。

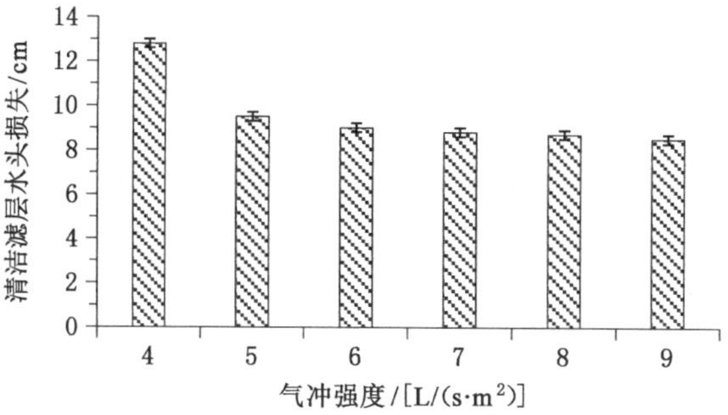

图 3.5　不同气冲强度对应的清洁滤层过滤水头损失

3.2.6　初滤水的排放时间优化

传统的石英砂滤池在运行过程中存在一个“初滤水”的现象。当滤池反冲洗结束后重新恢复过滤时，出水浊度较高，这部分出水称为初滤水。初滤水的延续时间称为成熟期。初滤水浊度降至要求值后，便进入有效过滤期。在有效过滤期内，出水浊度一般都能保持在要求值以下，但不是完全不变，而是缓慢升高，直到出水浊度升高到要求值，这时到达泄漏点，相应的浊度值称为泄漏浊度。滤池在泄漏点以后继续工作，出水浊度将超过泄漏值，已不符合用户要求。所以滤池工作到泄漏点时，应中止工作，进行滤层反冲洗。

初滤水的浊度较高是因为滤层反冲洗后，残留在滤层中及滤层上部的反冲洗水浊度较高，导致开始过滤时浊度较高的残留水泄漏流入底部，与底部的低浊水掺杂混合并随水流出。另外，刚开始过滤时的滤料层还没有被完全压实，孔隙率较大，对水中悬浮颗粒的截留能力也较低，这也是导致滤后水浊度较高的一个重要原因。一般，初滤水的延续时间为 30 min 左右，但是，若反冲洗水进行得不彻底，导致残留水浊度很高，或要求的出水浊度非常低，初滤水的延续时间会大大加长。排放初滤水会增加滤池的水量损耗，减小有效过滤水的水量。

在试验中发现，UUF 在重新恢复过滤时可能面临以下两种情况：① 在上一个冲洗环节结束后，滤料层处于完全淹没状态，超轻滤料在水的巨大浮力作用下紧密挤压在滤板下方；② 滤池中的液位较低，滤层处于部分淹没状态，部分滤料松散地位于滤板下方，随着过滤的进行，超轻滤料逐渐上移并最终挤压在滤板之下。

试验结果表明：若在第一种情况下开始过滤（以滤速 8 m/h 为例），出水后第 1 min 内的滤后水浊度介于 0.30～0.50 NTU 之间，第 5 min 的滤后水浊度则降到了 0.05 NTU 以下，因此初滤水可以不用排放；若在第二种情况下开始过滤(以滤速 8 m/h 为例),出水后第 1 min 内的滤后水浊度介于 4.50~8.20 NTU 之间,第 5 min 的滤后水浊度则降到了 0.10 NTU 以下,因此过滤出水后 5 min 内的初滤水必须排放掉。

由此可知,若是 UUF 在冲洗结束之后继续过滤,则在进行最后一个冲洗步骤——水冲时,宜控制滤池中的液位高于滤板以后再停止水冲,此时的滤料层会在巨大浮力的作用下紧密挤压在滤板下方;反之,若是 UUF 在冲洗结束之后准备长时间停用,则可将滤池中的液位控制在较低高度。

3.2.7 优化运行处理效能研究

根据上述研究结果,将 UUF 的工艺参数优化为:滤料粒径为 1.0~2.0 mm,$K_{80}<1.2$,滤层厚度为 700 mm,滤速为 8 m/h,运行周期为 24 h;气冲强度为 7 L/(s·m²),气冲时间为:在第一个步骤里冲洗 2 min,在第二个步骤里冲洗 3 min;水冲强度为 6 L/(s·m²),水冲时间为:在第三个步骤里冲洗 3 min,在第四个步骤里冲洗 4 min。

由检测结果可知:UUF 和石英砂滤池的滤后水色度均为 5,平均去除率为 83.5%,表明两种滤池对色度均有良好的去除效果;UUF 滤后水的平均浊度、COD 和氨氮分别为 0.17 NTU、3.7 mg/L 和 0.39 mg/L,平均去除率分别为 96.8%、36.2%和 26.4%,比石英砂滤池分别提高了 9.6%、6.9%和 7.5%,表明 UUF 对浊度、COD 和氨氮有更好的去除效果(表 3.6)。

表 3.6 两种滤池过滤前后的相关水质指标

水样类别	浊度/NTU	色度/(度)	COD/(mg/L)	氨氮/(mg/L)
滤前水	4.26~6.17(5.32*)	30~40(30.28*)	5.1~6.5(5.8*)	0.41~0.65(0.53*)
砂滤池滤后水	0.52~0.87(0.68*)	5(5*)	3.4~4.6(4.1*)	0.30~0.51(0.43*)
UUF 滤后水	0~0.30(0.17*)	5(5*)	3.1~4.2(3.7*)	0.28~0.45(0.39*)

注:括号中带 * 的数值为平均值,$n=24$。

UUF 对浊度表现出了超强的去除效果,分析原因可能有四个。

(1) 超轻滤料的粒径均匀性非常好($K_{80}=1.17$),滤层截污能力强。

(2) 上向流过滤方式使得 UUF 无惧"水力分级"现象的影响,且能够充分发挥"反粒度"过滤优势,整个滤层的截污能力得以充分发挥。

(3) 超轻滤料对悬浮物、胶体等致浊物质有很强的吸附能力。试验中所用超轻滤料的粒径为 1.0~2.0 mm,远大于石英砂的粒径(0.9~1.35 mm),因此超轻滤料层的孔隙率应该大于石英砂滤层。检测结果表明,当运行至第 24 h

时，UUF 的过滤水头损失仅为 0.58 m，而石英砂滤池的过滤水头损失则高达 1.39 m，由此可知，UUF 的过滤阻力远小于石英砂滤池，这也进一步证实了超轻滤料层的孔隙率必定大于石英砂滤层。另外，超轻滤料有着完美的球形结构，因此超轻滤料层中的孔隙有着更好的水力条件，这可能是超轻滤料层过滤阻力小的另一个重要原因。理论上，孔隙率较大滤层的筛滤作用较小，出水浊度应该较高。但是本试验却得出了相反的结果，因此推测超轻滤料很可能对水中的悬浮物、胶体等致浊物质有更强的吸附能力。当然，这一猜测还需要后续试验予以证实。

(4) 由于超轻滤料质地松软，变形能力较强，在过滤水流的压力下滤料层的孔隙率会降低，截留能力增强。

浊度是一项综合性指标，随着浊度的降低，很多相关指标（例如色度、COD 和氨氮）也会降低。试验中所用的超轻滤料和石英砂都是新料，且试验周期短，滤料上均未培养出生物膜，因此生化作用对试验结果的影响不予考虑，两种滤池对色度、COD 和氨氮的去除主要是通过去除水中的悬浮物来实现的，也就是说，水中的部分 COD 和氨氮以及致色物质是以悬浮物形态存在的。由于 UUF 对悬浮物有更好的去除能力，因此对 COD 和氨氮也表现出了更好的去除效果。UUF 对色度未能表现出更好的去除效果，可能与检测方法本身的局限性有关（检测人员对色差的辨识精度有限）。

3.2.8　超轻滤料卫生安全性

超轻滤料卫生安全性检测结果见表 3.7。

表 3.7　超轻滤料卫生安全性检测结果

序号	项目	卫生要求	空白样	浸泡 24 h	平行样
1	色度	增加量≤5 度	<5	<5	<5
2	浊度	增加量≤0.2 NTU	0.15	0.32	0.30
3	臭和味	浸泡后无异臭、异味	0	0	0
4	肉眼可见物	浸泡后水不产生任何肉眼可见的碎片杂物等	无	无	无
5	pH	改变量≤0.5	7.87	7.50	7.52
6	溶解性总固体	增加量≤10 mg/L	119	128	126
7	高锰酸盐指数	增加量≤1(以 O_2 计，mg/L)	0.37	1.20	1.20
8	砷	增加量≤0.005 mg/L	<0.001	<0.001	<0.001
9	镉	增加量≤0.005 mg/L	<0.000 2	<0.000 2	<0.000 2

表 3.7(续)

序号	项目	卫生要求	空白样	浸泡 24 h	平行样
10	铬	增加量≤0.005 mg/L	<0.004	<0.004	<0.004
11	铝	增加量≤0.02 mg/L	0.011	0.011	0.011
12	铅	增加量≤0.001 mg/L	<0.002	<0.002	<0.002
13	汞	增加量≤0.000 2 mg/L	<0.000 1	<0.000 1	<0.000 1
14	三氯甲烷	增加量≤0.006 mg/L	<0.005	<0.005	<0.005
15	挥发酚类	增加量≤0.002 mg/L	<0.002	<0.002	<0.002
16	苯乙烯	增加量≤0.002 mg/L	<0.005	<0.005	<0.005

以滤珠作为滤料，最担心的是泡沫滤珠中含有苯乙烯，而苯乙烯对人体健康有害，对眼睛和上呼吸道黏膜有刺激和麻醉作用，为可疑致癌物。若发生急性中毒，高浓度时，会立即引起眼睛和上呼吸道黏膜的刺激，出现眼痛、流泪、流涕、喷嚏、咽痛、咳嗽等，继之头痛、头晕、恶心、呕吐、全身乏力等，严重者可有晕眩、步态蹒跚。眼部受苯乙烯液体污染时，可致灼伤；若发生慢性影响，常见神经衰弱综合征，有头痛、乏力、恶心、食欲减退、腹胀、忧郁、健忘、指颤等，对呼吸道有刺激作用，长期接触有时会引起阻塞性肺部病变，皮肤粗糙、皲裂和增厚。

浸泡 24 h 后的检测结果表明，试验中所用的聚苯乙烯超轻滤料中不含有苯乙烯。另外，色度、浊度、臭和味、高锰酸盐指数、溶解性总固体等指标也均符合卫生安全要求。

3.3 小结

(1) 超轻滤料的最佳粒径为 1.0～2.0 mm，K_{80}<1.2，滤层厚度不宜小于 700 mm，正常滤速为 8～12 m/h，强制滤速为 12～16 m/h。

(2) 若刚开始过滤时滤料层处于淹没状态，滤珠在水的浮力作用下挤压在滤板下方，初滤水可不排放；若刚开始过滤时池中的水位较低，大量滤珠松散地位于滤板下方，过滤出水后 5 min 内的初滤水必须排放掉。

(3) 适用于 UUF 的冲洗方法为：先进行气冲，气冲强度为 5～9 L/(s·m^2)，气冲时间为 1～3 min；保持气冲强度不变，打开冲洗废水排放管阀门，在 3～5 min 内泄空冲洗废水；停止气冲，然后进行水冲，水冲强度为 4～8 L/(s·m^2)，在 2～4 min 时间内将液位上升到滤板以上；继续水冲并保持冲洗强度不变，时间为 3～5 min。

(4) 按照优化后的工艺参数运行 UUF，结果表明，滤珠滤池的出水水质明显优于石英砂滤池。UUF 的滤后水色度为 5 度，与石英砂滤池相当；对浊度、COD 和氨氮的平均去除率分别为 96.8%、36.2%和 26.4%，比石英砂滤池分别提高了 9.6%、6.9%和 7.5%。

(5) 试验中所用的聚苯乙烯超轻滤料符合《生活饮用水输配水设备及防护材料的安全性评价标准》的卫生安全性要求。

第4章 新型UUF工艺开发与应用

冲洗效果是影响滤池运行的关键因素之一。UUF在过滤时,水中的悬浮颗粒在沉淀、惯性力、筛滤、水动力、扩散等作用力下迁移到滤料表面,然后在范德瓦耳斯力、静电引力、某些化学键和特殊吸附力以及絮体颗粒的吸附架桥等作用下黏附在滤料颗粒表面。随着过滤时间的延长,被截留的悬浮颗粒数量逐渐增多,滤料层的过滤阻力逐渐增大,滤速相应降低。当过滤阻力增大到一定程度时,为恢复滤速以及防止水中悬浮物穿透滤层,导致滤后水水质下降,必须要对滤池进行冲洗。

石英砂滤池的常用冲洗方法是高速水流反冲洗和气水反冲洗。由于聚苯乙烯超轻滤料的密度极小,滤料在水的浮力作用下被挤压在滤板之下,若采用上向流水冲,则会使滤料层越压越紧,滤层中被截留的污染物难以被冲出;若采用下向流冲洗,则需要极高的冲洗强度,即需要极高的重力水头,导致滤池深度加大,基建费用过高,冲洗水量也较大。因此,传统的冲洗方法无法有效冲洗UUF,这就导致UUF的过滤性能无法有效恢复。在短暂运行一段时间后,滤料层会出现严重的板结现象,过滤阻力极大。

也有人提出了适用于UUF的脉冲反冲洗方法[19-21],具体步骤为:先向滤池底部的气室充气形成一定厚度的气垫层,然后瞬间放气,滤池上部的水以极大的流速自上而下补充气室,滤层因而得到冲洗。可以看出,该冲洗方式的操作程序较为复杂,且冲洗时间有限,冲洗强度不易控制,冲洗效果也不理想,并不能有效解决滤层易板结的问题,极大限制了UUF的推广应用。

有鉴于此,课题组开发了一种适用于UUF的冲洗方法[23],具体步骤为:① 启动鼓风机,打开气冲管上的阀门进行气冲,冲洗时间为1～3 min;② 保持气冲强度不变,打开冲洗废水排放管上的阀门,在3～5 min时间内泄空池内冲洗废水;③ 停止气冲,启动冲洗水泵并打开冲洗水管上的阀门进行水冲,并在2～4 min时间内将池内水位上升到滤板以上;④ 继续水冲并保持冲洗强度不变,时间为3～5 min,冲洗结束。中试结果表明,该冲洗方法可以很好地恢复UUF的过滤性能。

在上述冲洗方法中,所需设备需要气冲用的鼓风机和水冲用的水泵,运行时需要消耗一定的电能。另外,为保证安全运行,至少应有1台鼓风机和1台水泵作为备用，这就增加了设备检修和维护保养的难度与费用。尤其是在偏远的农村地区（特别是山区），由于水处理设备距离供电所较远且水处理设备的设计规模很小，铺设供电线路和维护的成本相对较高，宜采用光伏发电。为降低光伏板的数量，用电设备的功率越小越好，这就要求尽量减少滤池冲洗所用鼓风机和水泵的总功率，即在规格、型号不变的前提下，尽量减少鼓风机和水泵的数量。而机电设备数量的减少，必然会降低设备维护和维修费用。

为此，基于前期的 UUF 优化技术成果，开发出了一种新型 UUF 及冲洗方法（专利号：ZL 202110930415.9）[24]。采用新型 UUF 中试装置处理某校园湖水，将试验结果与石英砂滤池相比较，对其处理效能进行研究。

4.1　材料与方法

4.1.1　试验装置

新型 UUF 中试装置外观为 DN400 的有机玻璃圆柱，通过隔板将装置分为上下两部分，上部为清水池，下部为滤池（图 4.1）。待滤水通过原水管进入滤池底部，自下而上先后经过配水区（高度为 500 mm）、超轻滤料层（所用滤料为聚苯乙烯材质的球状颗粒，堆积密度为 20 kg/m^3，粒径为 1.0～2.0 mm，K_{80} = 1.17，厚度为 700 mm），然后通过短柄滤头进入滤板上方的清水区（高度为 500 mm）；当清水区被水充满后，滤后水在压力作用下经集水槽、联络管进入上部的清水池（有效水深为 1 000 mm）。为保证充足的冲洗水量，在清水池旁边串联了一个有效容积为 0.5 m^3 的清水箱（图 4.1 中未画出该清水箱）。工程应用时，下部可设置多组滤池并联，上部共用同一座清水池。

新型 UUF 中试装置的设计滤速为 8 m/h，设计水量为 1 m^3/h。过滤结束后对滤池进行冲洗，具体方法为：① 关闭原水管和联络管上的阀门，开启风机进行气冲，气冲强度为 8 $L/(s \cdot m^2)$，气冲时间为 3 min；② 打开冲洗废水排放管上的阀门，泄空池内的冲洗废水，泄空时间约为 4 min；③ 停止气冲，打开联络管上的阀门进行水冲，水冲强度为 6 $L/(s \cdot m^2)$，同时调整冲洗废水排放管上的阀门，使池中水位逐渐上升，直至淹没滤板，此阶段用时约为 4 min；④ 保持水冲强度不变，继续冲洗 3 min，冲洗结束。

很明显，上述冲洗方法以滤池上方的清水池代替冲洗水泵，依靠清水池所提供的重力水头对 UUF 的滤层进行水冲（漂洗），有效减少了机电设备的数量，降低了冲洗滤池所需能耗以及机电设备的维护维修费用。另外，依靠前一个构筑物（一般为沉淀池）所提供的重力水头向清水池供水，可以充分发挥 UUF 的上

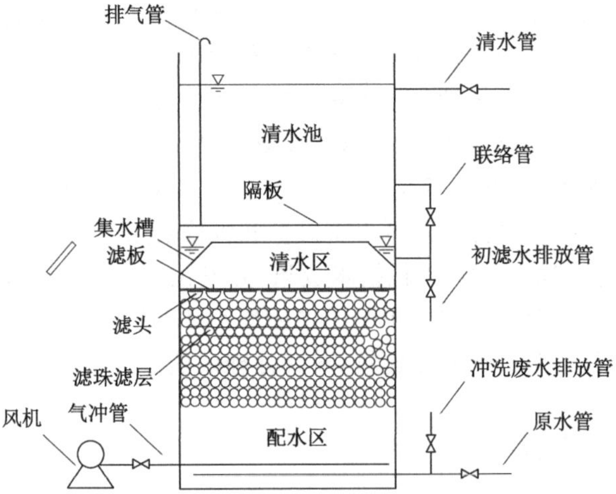

图 4.1　新型 UUF 结构示意图

向流过滤优势。对于偏远山区而言，水源地一般是位于山上的水库，新型 UUF 的这种工艺设计以及上向流过滤方式可以充分利用地势，最大限度地利用重力水头进行过滤以及向清水池进水，大幅度节省了电能的消耗。

待滤水为某一体化饮用水处理设备中的沉淀池出水，该设备的工艺流程为混凝-网格式絮凝池-斜管沉淀池-无阀滤池，设计水量为 10 m^3/h(图 4.2)。其中，混凝剂采用聚合氯化铝(有效成分为 30%)，投加量为 10 mg/L；网格式絮凝池的絮凝时间为 20 min；斜管沉淀池的沉淀时间为 30 min；无阀滤池的滤料为石英砂，粒径为 0.9～1.35 mm，$K_{80}=1.78$，滤层厚度为 700 mm，设计滤速为 7 m/h。

图 4.2　一体化饮用水处理设备

试验中所用石英砂和超轻滤料见图 4.3。

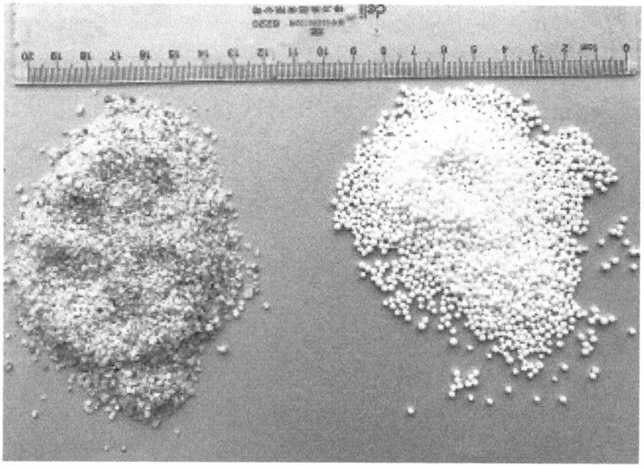

图 4.3　石英砂(左)和超轻滤料(右)

4.1.2　原水水质

一体化饮用水处理设备的原水为某大学校园内的湖水。湖水与待滤水的水质情况见表 4.1。不难发现,湖水遭受了微污染,COD 为 6.73～8.52 mg/L,符合《地表水环境质量标准》(GB 3838—2002)Ⅳ类水标准[28]。

表 4.1　湖水与待滤水的相关水质情况

水样类别	浊度/NTU	色度/度	COD/(mg/L)	氨氮/(mg/L)	叶绿素 a/(μg/L)	pH	水温/℃
湖　水	8.83～13.32	30～50	6.73～8.52	0.51～0.73	19.3～23.5	7.38～7.58	20～25
待滤水	8.44～10.91	30～40	6.12～7.86	0.43～0.62	17.5～20.1	7.33～7.53	20～25

4.1.3　试验方法

同时运行一体化饮用水处理设备和新型 UUF 中试装置,新型 UUF 中试装置的滤速为 8 m/h,一体化设备中无阀滤池(石英砂滤池)的滤速为 7 m/h。每隔 1 h 取样并检测两种滤池过滤前后的浊度、色度、COD、氨氮和叶绿素 a 等指标并进行比较分析,对新型 UUF 的处理效能进行研究。

将新型 UUF 的滤速控制为 8 m/h,自过滤出水开始计时,每隔 5 min 取样检测出水浊度,连续检测 60 min,确定初滤水的最佳排放时间。

检测新型 UUF 投入运行前、后的清洁滤层过滤水头损失并进行比较分析,对其冲洗效果进行研究。

4.1.4 分析方法

COD 采用高锰酸盐指数法、氨氮采用纳氏试剂分光光度法、色度采用铂钴比色法、叶绿素 a 采用分光光度法等测定[25]；浊度采用 Turb550 浊度仪测定；pH 采用 Orion868-2 型 pH 计测定；过滤水头损失通过过滤前后的测压管水头差表征；水温采用温度计测定。

4.2 结果与讨论

4.2.1 对浊度的去除效果

刚开始过滤时，由于滤层未被完全压实，滤料颗粒间的孔隙较大，滤层对水中悬浮物的截留能力较差，因此两种滤池的出水浊度均较高，新型 UUF 的初始出水浊度为 0.35 NTU，石英砂滤池的初始出水浊度为 0.51 NTU。

随着过滤时间的延长，滤层逐渐被压实，孔隙率逐渐降低，滤层对水中悬浮物的截留能力增强，滤后水浊度相应降低。当过滤到第 1 h 时，两种滤池的出水浊度均降到了最低点，新型 UUF 的出水浊度为 0.03 NTU，石英砂滤池的出水浊度为 0.12 NTU。继续过滤，滤池出水浊度缓慢升高。当过滤到第 24 h 时，两种滤池的出水浊度均到达最高值，新型 UUF 的出水浊度为 0.85 NTU，石英砂滤池的出水浊度为 1.63 NTU(图 4.4)。

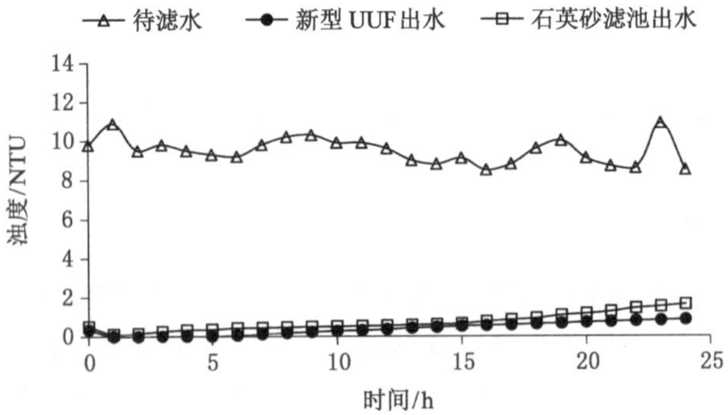

图 4.4 两种滤池出水的浊度变化情况

整个过滤期间，待滤水平均浊度为 9.48 NTU，新型 UUF 出水平均浊度为

0.39 NTU,石英砂滤池出水平均浊度为 0.70 NTU。新型 UUF 对浊度的平均去除率为 95.9%,比石英砂滤池提高了 3.3%。

由表 4.1 可知,一体化饮用水处理设备的沉淀池出水水质较差。原水平均浊度为 11.36 NTU,沉淀池出水平均浊度为 9.48 NTU,沉淀池对浊度的平均去除率仅为 16.5%,这应该归咎于原水浊度较低,且含有一定数量的藻类。浊度较低意味着水中悬浮物数量较少,即悬浮物之间的碰撞概率较小;而藻类数量较多,经混凝形成的含藻絮体的密度与水十分接近,絮体沉速较慢,难以在沉淀池中快速实现固液分离,但却可以通过过滤被有效去除。滤池对水中悬浮物的去除主要是通过迁移和吸附作用来实现的。水中悬浮物在沉淀、拦截、惯性、扩散和水动力等作用下迁移到滤料表面,然后在范德瓦耳斯引力、静电引力、某些化学键和特殊的吸附力以及絮凝颗粒的吸附架桥等作用下最终黏附到滤料的表面。一般情况下,滤料粒径越大,滤料间的孔隙就越大,对水中悬浮颗粒的截留能力就越差。聚苯乙烯超轻滤料的粒径明显大于石英砂,但滤后水浊度却比石英砂滤池降低了 44.3%,其原因大致有三个:① 聚苯乙烯超轻滤料对水中悬浮颗粒有很强的吸附能力,例如静电引力;② 聚苯乙烯超轻滤料有很强的变形能力,在水的压力作用下通过变形可以有效降低滤料间的孔隙率,提高对水中悬浮物的截留能力;③ 聚苯乙烯超轻滤料有很强的粒径均匀性,在此条件下采用上向流过滤方式能够充分实现"反粒度"过滤理论,可以最大限度地发挥整个滤层的截污能力。

4.2.2　对色度的去除效果

新型 UUF 和石英砂滤池对色度均表现出了良好的去除效果(图 4.5)。待滤水的平均色度为 32.4 度,新型 UUF 和石英砂滤池出水的平均色度均为5 度,两种滤池对色度的平均去除率均为 84.6%。

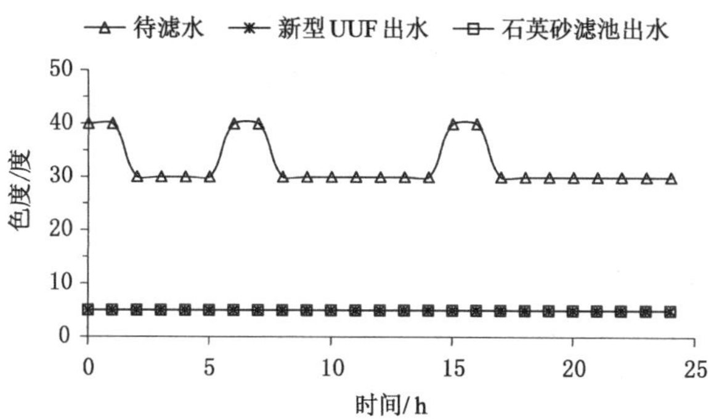

图 4.5　两种滤池出水的色度变化情况

天然水体中含有腐殖质、泥土、浮游生物、藻类等致色物质，这些物质经混凝后会形成絮体，并通过沉淀和过滤被去除。由于新型 UUF 和石英砂滤池均能有效去除水中的含藻絮体等致色物质，因此两种滤池均表现出了良好的除色效果。虽然新型 UUF 对水中悬浮物的截留能力更强，但是没有表现出更好的除色效果，这可能是检测人员对色差的辨识能力有限所致。

4.2.3 对 COD 的去除效果

新型 UUF 和石英砂滤池对 COD 均有一定的去除效果（图 4.6）。待滤水的平均 COD 浓度为 7.1 mg/L，新型 UUF 和石英砂滤池出水的平均 COD 浓度分别为 4.6 mg/L 和 5.2 mg/L。新型 UUF 对 COD 的平均去除率为 35.2%，比石英砂滤池提高了 8.4%。

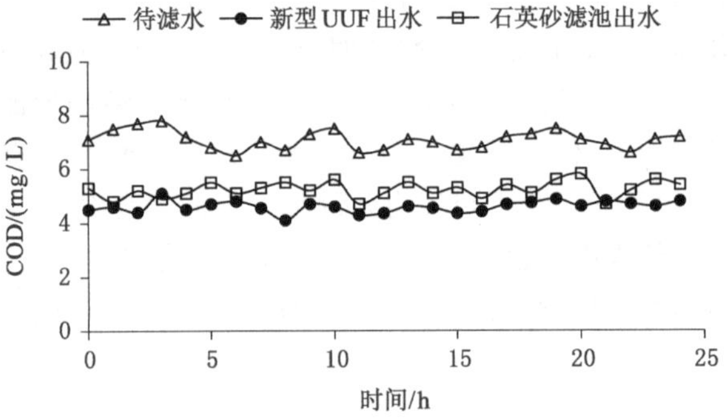

图 4.6　两种滤池出水的 COD 变化情况

一般来说，滤池对有机物的去除方式主要有两种：一种是通过生长在滤料表面的生物膜对有机物进行生物降解，COD 去除效果与生物膜量直接相关[29,30]；另一种是通过截留水中的腐殖质、浮游生物、藻类等悬浮物来实现。

生物膜生长于载体的表面，是由微生物群体组成的具有高度亲水性的黏状物。污水不断流经生物膜表面，其外侧始终存在着一层附着水层。在膜的表面和一定深度的内部生长着大量的各种类型的微生物和微型动物，形成有机污染物-细菌-原生动物（后生动物）的食物链。其中的丝状菌相互缠绕并延伸于水中，使生物膜呈现出立体结构[31]。

生物膜的形成是污水在流经载体表面的过程中，通过微生物与向载体表面输送的物质相结合并固定化来实现的。而微生物的生长则是通过废水中有机营养物的吸附、传递以及氧向生物膜内部的传递、扩散等过程，促进生物膜中微生物对有机基质的氧化降解作用维持的。在生物膜内、外，生物膜与水层之间进行着多种物质的传递过程。空气中的氧溶解于流动水层中，进而通过附着水层传递给生物膜，供微生物呼吸；污水中有机污染物由流动水层传递给附着水层，然后进入生物膜，并通过细菌的代谢活动而被降解。这样就使污水在流动过程中逐步得到净化。微生物的代谢产物如 H_2O 等则通过附着水层进入流动水层，并随其排走，而 CO_2、NH_3 以及 CH_4 等气态代谢产物则从水层逸出进入空气中。

通常，生物膜成熟的标志是：生物膜沿水流方向分布，在其上由细菌及各种微生物组成的生态系统及其对有机物的降解功能都达到了平衡和稳定的状态。从开始形成到成熟，生物膜要经历潜伏和生长两个阶段。一般的城市污水，在 20 ℃左右的条件下大致需要 20～30 d 的时间。对于仅遭受微污染的河湖水，这个时间要大大延长，经常需要 2 个月左右。课题组运行的 1 台上向流轻质陶粒滤池设备，以玉带河为水源，自 2023 年 8 月中旬开始运行，至同年 11 月中旬陶粒表面的生物膜才完全成熟，历时约 3 个月（见第 6 章）。

本次试验中使用的聚苯乙烯超轻滤料和石英砂都是新料，且运行时间很短（少于 1 个月），滤料表面没有生长生物膜，因此可以排除生物膜的影响，两种滤池对 COD 的去除只能是通过截留水中悬浮物来实现的。由于新型 UUF 对含藻絮体等悬浮物的截留能力更强，因此对 COD 也表现出了更好的去除效果。

4.2.4　对氨氮的去除效果

新型 UUF 和石英砂滤池对氨氮的去除效果均一般（图 4.7）。待滤水的平均氨氮浓度为 0.53 mg/L，新型 UUF 和石英砂滤池出水的平均氨氮浓度分别为 0.40 mg/L 和 0.43 mg/L。新型 UUF 对氨氮的平均去除率为 24.5%，比石英砂滤池提高了 5.6%。

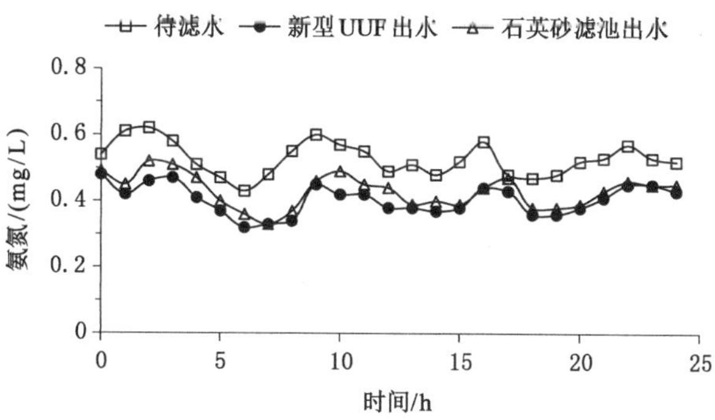

图 4.7　两种滤池出水的氨氮变化情况

滤池对氨氮的去除方式同样有两种：一种是通过硝化细菌在好氧条件下将氨氮转化为硝态氮[32]；另一种是通过去除水中含有氨氮的悬浮物来实现的。

硝化反应包括两个步骤：第一步是亚硝化反应，即亚硝化细菌将氨氮转化为亚硝酸盐。亚硝化细菌有亚硝化单胞菌属、亚硝化螺旋杆菌属和亚硝化球菌属等。第二步是硝化反应，即硝化细菌将亚硝酸盐进一步转化为硝酸盐。亚硝化细菌和硝化细菌统称硝化菌，严格好氧，是专性化能自养菌[33]。

(1) 亚硝化反应阶段

生化氧化：

$$2NH_4^+ + 3O_2 + 4HCO_3^- \xrightarrow{\text{亚硝化菌}} 2NO_2^- + 4H_2CO_3 + 2H_2O + (240 \sim 350\ kJ/mol)$$

生化合成：

$$13NH_4^+ + 23HCO_3^- \xrightarrow{\text{亚硝化菌}} 10NO_2^- + 8H_2CO_3 + 3C_5H_7NO_2 + 19H_2O$$

亚硝化阶段的总反应式为：

$$55NH_4^+ + 76O_2 + 109HCO_3^- \xrightarrow{\text{亚硝化菌}} C_5H_7NO_2 + 54NO_2^- + 104H_2CO_3 + 57H_2O$$

(2) 硝化反应阶段

生化氧化：

$$NO_2^- + 0.5O_2 \xrightarrow{\text{硝化菌}} NO_3^- + (65 \sim 90\ kJ/mol)$$

生化合成：

$$NH_4^+ + 10NO_2^- + 4H_2CO_3 + HCO_3^- \xrightarrow{\text{硝化菌}} 10NO_3^- + C_5H_7NO_2 + 3H_2O$$

硝化过程的总反应式为：

$$NH_4^+ + 400NO_2^- + 195O_2 + 4H_2CO_3 + HCO_3^- \xrightarrow{\text{硝化菌}} 400NO_3^- + C_5H_7NO_2 + 3H_2O$$

综合亚硝化和硝化反应两个阶段，考虑氧化和合成，总的硝化过程反应式为：

$$28NH_4^+ + 49O_2 + 55HCO_3^- \longrightarrow 27NO_3^- + C_5H_7NO_2 + 30H_2O + 50H_2CO_3$$

由总反应式可知，反应物中的 N 大部分被硝化为 NO_3^-，只有 2.1%的 N 用于微生物细胞合成，且主要在亚硝化反应阶段产生(占 1/55)。若不考虑分子态以外的氧合成细胞本身，仅从分子态氧来计算，只有 1.1%的分子态氧进入细胞内，因此细胞的合成几乎不消耗分子态氧。

硝化过程总的氧化式为：

$$NH_4^+ + 2O_2 \xrightarrow{\text{硝化菌}} NO_3^- + 2H^+ + H_2O + (305 \sim 440\ kJ/mol)$$

由上式可知，在硝化过程中，1 g 氨氮转化为硝酸盐氮需要 4.57 g 氧，此为硝化需氧量(NOD)。同时，硝化反应使 pH 值下降，由于硝化菌对 pH 值非常敏感，为保持适宜的 pH 值，污水中应有足够的碱度。硝化过程消耗的碱度主要是氧化反应所致，每氧化 1 g 氨氮需消耗的碱度（以 $CaCO_3$ 计）约 7.14 g。

影响硝化反应过程的主要因素有：

（1）温度。硝化反应适宜的温度范围是 15～35 ℃。温度高时，硝化速率快，但超过 30 ℃时，硝化速率随温度的增加幅度减少；当温度低于 15 ℃时，硝化速率迅速降低。

（2）pH 值。硝化反应的最佳 pH 值范围为 7.5～8.5。当 pH 值低于 7 时，硝化速率明显降低；低于 6 和高于 9.6 时，硝化反应将停止。

（3）溶解氧（DO）。硝化反应必须在好氧条件下进行，一般应维持混合液的 DO 浓度在 2～3 mg/L。

（4）BOD 负荷。硝化菌是自养型菌，其产率或者比增长速率远远低于 BOD 异养菌。当 BOD 负荷高时，会促进异养菌的迅速繁殖，从而使自养型的硝化菌无法占优势，降低了硝化速率。为了保证充分硝化，BOD 负荷应维持在 0.15 kg(BOD_5)/[kg(ss)・d]以下。

（5）污泥龄（SRT）。硝化菌的增殖速率慢，为了维持反应系统中一定量的硝化菌群，微生物在反应器中的停留时间即 SRT 应大于硝化菌的最小世代周期。一般而言，SRT 宜为硝化菌最小世代周期的两倍以上。

（6）抑制物质。对硝化反应有抑制作用的物质有：过高浓度的氨氮、重金属等有毒物质。一般来说，同种有毒物质对亚硝酸菌的影响比对硝酸菌大。

有研究表明，世代周期较长的硝化细菌更容易在生物膜中繁殖[34,35]。因此，与活性污泥法相比，生物膜法更适于处理低浓度的污水。但是，在本次试验中，由于聚苯乙烯超轻滤料和石英砂的表面都没有生长生物膜，可以排除硝化菌的影响，因此两种滤池对氨氮的去除只能通过去除水中的悬浮物来实现。由于新型 UUF 对悬浮物的截留能力更强，因此对附着在悬浮物上的氨氮也取得了更好的去除效果。

4.2.5　对叶绿素 a 的去除效果

新型 UUF 和石英砂滤池对叶绿素 a 均取得了较好的去除效果（图 4.8）。待滤水的叶绿素 a 平均浓度为 18.07 μg/L，新型 UUF 和石英砂滤池出水的叶绿素 a 平均浓度分别为 4.49 μg/L 和 6.82 μg/L。新型 UUF 对叶绿素 a 的平均去除率为 75.1%，比石英砂滤池提高了 12.8%。

《2023 中国生态环境状况公报》[36]数据显示，我国仍然存在一定数量的劣 V 类水质湖泊（水库），占总量的 4.8%，主要污染指标为总磷、化学需氧量和高锰酸盐指数。开展营养状态监测的 205 个重要湖泊（水库）中，贫营养、中营养、轻

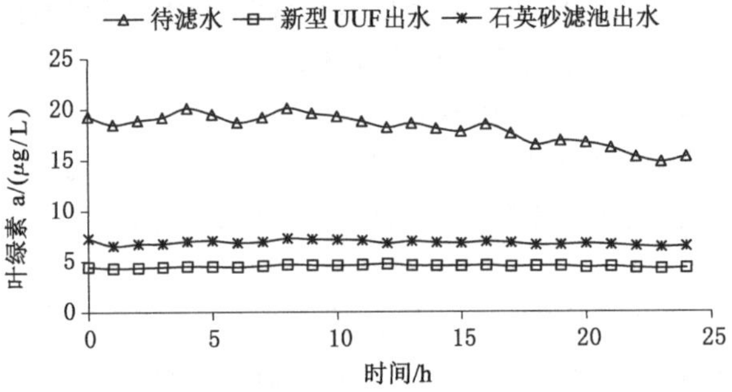

图 4.8　两种滤池出水的叶绿素 a 变化情况

度富营养和中度富营养状态的湖泊（水库）分别占 8.3%、64.4%、23.4%和 3.9%。由此可知，富营养化仍然是我国水环境当前面临的主要问题。

所谓富营养化是指富含磷酸盐和某种形式的氮素的水，在适宜光合作用的环境下，水中的营养底物足以使水中的藻类大量繁殖，在后来的藻类死亡和随之而来的异养微生物代谢活动中，将会使水中的 DO 耗尽，造成水质恶化和水生态环境破坏的现象。

多数水体的富营养化是水体受到氮、磷污染的结果。人类活动引起的主要氮、磷来源主要有：

（1）工业废水和生活污水未经适当处理直接排入水体。

（2）常规城市污水处理厂的出水中常含有相当数量的氮和磷。

（3）农业生产中的面源性污染，包括肥料、农药和动物粪便等。

（4）城市来源中，除了粪便、工业废水外，大量使用的高磷洗涤剂是重要的磷来源。

水体富营养化的危害很大，主要表现为藻类大量繁殖，严重时甚至会发生水华。大量水藻形成浮渣，会使水质变得浑浊，透明度降低，水体感官性状大幅度下降。藻类的过度繁殖，会使水体产生霉味和臭味，特别是藻类死亡分解腐烂时，经过放线菌等微生物的分解作用，使水藻发出浓烈的腥臭。

一方面，水体表层密集的藻类使阳光难以透射进入水体的深层，限制或减弱深层水体的光合作用，DO 的来源随之减少；同时，死亡藻类不断向水体底部淤积、腐烂分解，消耗大量的 DO，严重时可使深层水体的 DO 消耗殆尽而呈厌氧状态。

许多藻类能够分泌、释放藻毒素等有毒有害物质，不仅危害动物，对人类健康也会产生影响。牲畜若饮用含蓝藻所产生的藻毒素的水可引起肠道炎症，人若饮用也会发生消化道炎症。

含藻水作为水源会加大给水处理的难度，增加制水成本，并降低饮用水水质，从而对自来水厂的生产运行造成严重干扰。具体表现为：含藻絮体结构较为松散，沉速较慢，难以在沉淀池中快速实现固液分离；滤池易堵塞；出厂水有严重的臭味；消毒副产物；等等。

为了保证饮用水安全，必须对含藻水进行强化处理。研究表明，气浮[37]和预臭氧强化混凝[38]可有效去除藻类，壳聚糖改性絮凝剂[39]和超声波强化絮凝沉淀[40]也对藻类有较好的去除效果。

本试验中，一体化饮用水处理设备的沉淀池对含藻絮体的去除效果很差，但归功于滤层对含藻絮体的高效截留作用，新型 UUF 和石英砂滤池均取得了较好的除藻效果。由于超轻滤料具有更好的粒径均匀性和上向流过滤方式，新型 UUF 对含藻絮体的截留能力更强，除藻效果更好。

4.2.6　初滤水的排放时间

试验中发现，当过滤开始前滤池中水位差别较大、超轻滤料层的压实程度明显不同时，过滤出水后 0～5 min 内的出水浊度会有较大差异(图 4.9)。

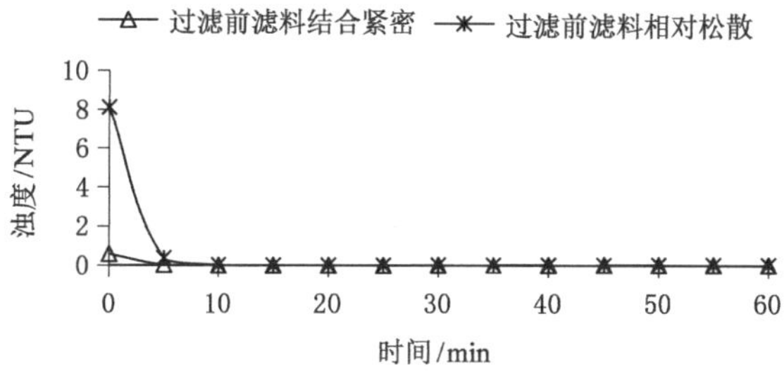

图 4.9　新型 UUF 初滤水浊度变化情况

(1) 若过滤开始前滤池中水位较高，滤层处于完全淹没状态，超轻滤料会在水的巨大浮力作用下紧密挤压在滤板之下。过滤开始后，初始出水浊度为 0.58 NTU，此时的出水应为上次冲洗末期的冲洗用水；继续过滤，滤层进一步压缩，出水浊度迅速下降，第 5 min 的出水浊度降到了 0.03 NTU；一直到第 60 min，出水浊度仍未超过 0.05 NTU。因此，此种情况下的初滤水可以不排放。

(2) 若过滤开始前滤池中水位较低，只有部分滤料淹没于水下，而其他滤料暴露于空气中，超轻滤料会因受到的浮力较小而相对松散，滤料间的孔隙较大。过滤开始后，超轻滤料在浮力作用下逐渐上移并最终挤压在滤板之下。在此过程中，部分待滤水会在滤层被压实之前穿透滤池。经检测，初始出水浊度为 8.12 NTU，此时的出水应为上次冲洗末期的冲洗废水。继续过滤，滤层进一步压缩，出水浊度迅速降低（第 5 min 降到了 0.37 NTU，第 10 min 降到了 0.02 NTU）。因此，此种情况下过滤出水后 5 min 内的初滤水必须排放掉。

另外，将滤速分别提高到 12 m/h 和 16 m/h，也得出了相同的结论。

4.2.7 冲洗效果

新型 UUF 首次投入运行前的清洁滤层过滤水头损失为 7.8 cm，过滤到第 24 h 时的过滤水头损失为 52 cm（平均值，$n=5$），冲洗后的清洁滤层过滤水头损失为 8.1 cm（平均值，$n=5$）。与首次投入运行前相比，运行后的清洁滤层水头损失仅升高了 3.8%，表明“气冲-泄空-水冲”的冲洗方法非常有效。

气冲可以使超轻滤料振动、旋转、相互摩擦，将滤料表面黏附的污染物剥落下来；泄空可以排除高浓度冲洗废水，且可使超轻滤料下落并变得松散；水冲可对超轻滤料起进一步的漂洗作用。因此，该冲洗方法能够有效地冲洗新型 UUF，且操作简便，动力费用很低。

4.3 小结

(1) 得益于更好的粒径均匀性与上向流过滤方式，新型 UUF 表现出了良好的水质净化性能，对浊度、色度、COD、氨氮和叶绿素 a 的平均去除率分别为 95.9%、84.6%、35.2%、24.5% 和 75.1%，比石英砂滤池分别提高了 3.3%、0%、8.4%、5.6% 和 12.8%。

(2) 若过滤开始前超轻滤料层处于完全淹没状态，滤料结合较为紧密，则初滤水可以不排放；若过滤开始前超轻滤料层大部分暴露于空气中，滤料结合较为松散，则过滤出水后 5 min 内的初滤水必须排放掉。

(3) “气冲-泄空-水冲”的冲洗方式能够有效恢复新型 UUF 的过滤性能，多次运行后的平均清洁滤层过滤水头损失为 8.1 cm，仅比首次投入运行前提高了 3.8%。

第 5 章　两级 UUF 过滤组合工艺处理难沉淀河水中试研究

地表净水厂普遍采用“混凝-沉淀-过滤-消毒”的常规工艺处理河湖水，过滤单元一般为石英砂滤池。当水中的悬浮颗粒密度较大时（例如黏土颗粒），经混凝后形成的絮体沉速较快，可以在沉淀池中被大部分去除；但当水中的悬浮颗粒密度较小时（例如藻类），经混凝后形成的絮体沉速很慢，难以在沉淀池中被有效去除，含有大量絮体的水进入滤池后，导致石英砂滤池被快速堵塞。

陕西省平阴县某河流中富含质轻、细小的油片石，当地的自来水厂采用常规工艺进行处理，运行效果很差，主要表现为：富含油片石的水经混凝后形成的絮体较小，密度与水接近，沉速很慢，很难通过沉淀池被有效去除；含有大量絮体的沉淀池出水进入石英砂滤池后，导致滤池出水水质变差，且滤池工作周期大幅度缩短。

为解决上述问题，将 UUF 替代传统的石英砂滤池，开发出了两台设计水量分别为 3 m^3/h 和 5 m^3/h 的一体化净水设备，分别在陕西省平阴县的两座水厂进行了中试研究，均取得了很好的效果。

5.1　材料与方法

5.1.1　试验装置

一体化净水设备的工艺结构在试验过程中改进了 1 次。

最初，一体化净水设备的设计能力为 3 m^3/h，采用“絮凝-过滤”工艺（设备外观见图 5.1）。其中，混凝剂采用聚合氯化铝（有效成分 30%），投加量为 10～20 mg/L；絮凝池采用网格式絮凝池，絮凝时间为 20 min；滤池采用 UUF，超轻滤料为聚苯乙烯球状颗粒，堆积密度为 20 kg/m^3，粒径为 1.0～2.0 mm，$K_{80}=1.17$，滤层厚度为 1 200 mm，设计滤速为 8 m/h，冲洗方法为：① 关闭原水管和联络管上的阀门，开启风机并打开气冲管上的阀门进行气冲，气冲强度为 8 L/(s·m^2)，气冲时间为 3 min；② 打开冲洗废水排放管上的阀门，泄空池内的冲洗废水，超轻滤料随水位的降低而下落并变得松散，泄空时间约为 4 min；

③ 停止气冲，打开联络管上的阀门，清水池中的水通过联络管进入滤池，自上而下冲洗超轻滤料层，冲洗强度为 6 L/(s·m^2)，板结粘连的超轻滤料进一步变得松散并下落，调整冲洗废水排放管上的阀门，使池中水位逐渐上升，直至淹没滤板，此阶段时间约为 4 min；④ 保持水冲强度不变，继续冲洗 3 min，冲洗结束。

图 5.1　一体化净水设备(3 m^3/h)

但在运行后发现，该一体化净水设备的出水浊度较高。当原水浊度为 50.8～56.7 NTU 时，滤后水浊度为 2.90～7.18 NTU。有鉴于此，在原工艺基础上增加了一道过滤工艺，将原工艺改为“混凝-一级过滤-二级过滤”，其工艺流程如图 5.2 所示，研发出了一台设计水量为 5 m^3/h 的一体化净水设备，设备外观如图 5.3 所示。其中，一级滤池和二级滤池的工艺结构完全相同，均为 UUF，其工艺结构如图 5.4 所示。

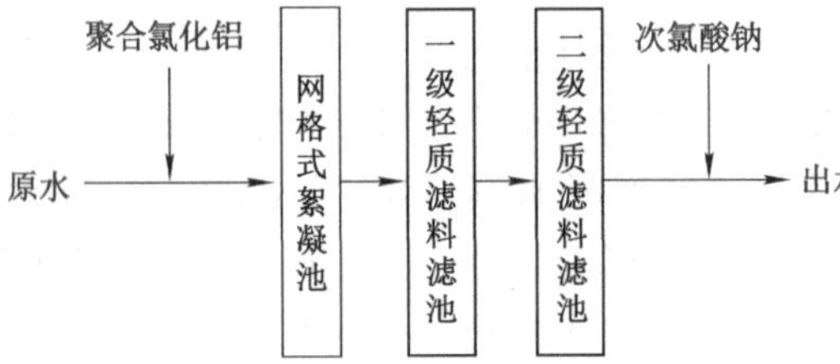

图 5.2　组合工艺流程图

图 5.3　试验设备外观照片

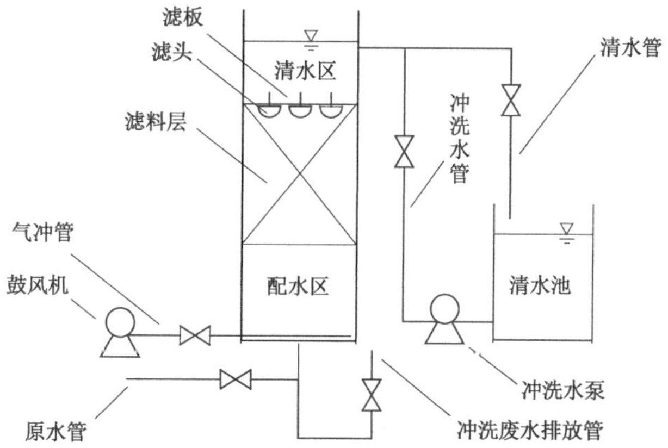

图 5.4　UUF 工艺结构示意图

本试验依托设计水量为 5 m^3/h 的一体化净水设备(二级过滤)开展。

5.1.2　原水水质

待处理原水为陕西省某偏远山区的河水，原水水质见表 5.1。山区河水主要来自雨水和泉水，水量与浊度受暴雨的影响较大。雨季，河水流量较大，浊度较高；旱季，河水流量较小，浊度较低。

表 5.1 原水水质

pH	水温/℃	浊度/NTU	色度/度	COD/(mg/L)	氨氮/(mg/L)	叶绿素 a/(μg/L)
7.63～8.16	14.9～17.8	12.1～56.7	25～40	3.70～5.81	0.36～0.45	8.43～12.32

5.1.3 试验方法

长期连续运行一体化净水设备处理偏远山区河水，每天在滤池过滤结束前取原水、一级 UUF 滤后水（简称一级滤后水）、二级 UUF 滤后水（简称二级滤后水）以及最终出水，检测浊度、色度、COD、氨氮、叶绿素 a 等水质指标，分析“混凝＋一级轻质滤料滤池＋二级轻质滤料滤池＋消毒”组合工艺对河水的处理效能。

5.1.4 分析方法

COD 采用高锰酸盐指数法，氨氮采用纳氏试剂分光光度法，色度采用铂钴比色法，叶绿素 a 采用分光光度法[25]；浊度采用 Turb550 浊度仪测定；pH 采用 Orion868-2 型 pH 计测定；过滤水头损失通过过滤前后的测压管水头差表征；水温采用温度计测定。

5.2 结果与讨论

5.2.1 对浊度的去除

受暴雨影响，原水浊度的变化幅度较大，最高值为 56.7 NTU，最小值为 12.1 NTU，平均值为 28.9 NTU。向原水中投加聚合氯化铝，经混合、絮凝后，形成的大量微小絮体进入一级轻质滤料滤池。一级滤后水的浊度受原水的影响较大，最大值为 7.24 NTU，最小值为 1.67 NTU，平均值为 2.85 NTU。二级滤后水的浊度非常低且较为稳定，最大值为 0.17 NTU，最小值为 0.01 NTU，平均值为 0.04 NTU（图 5.5）。投加次氯酸钠对浊度没有明显的影响，最终出水浊度介于 0.01～0.15 NTU 之间，平均值为 0.04 NTU。组合工艺对浊度的总去除率达到了 99.9%，表现出了优秀的除浊效果。

一般来说，粒径较大的滤料之间的孔隙也较大，滤层对悬浮物的截留能力也较差，但 UUF 对水中的絮体表现出了非常强的截留能力，这应归功于以下三个因素：① 上向流过滤方式；② 超轻滤料良好的粒径均匀性；③ 较大的滤层厚度。在滤料粒径均匀性良好（$K_{80}=1.17$）的同时采用上向流过滤方式，可以充分实

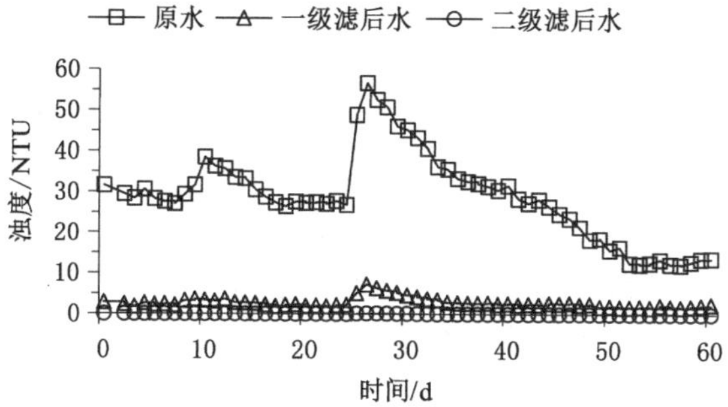

图 5.5　组合工艺对浊度的去除效果

现“反粒度”过滤理论[41]，最大限度地发挥整个滤层的截留能力；而较大的滤层厚度可使滤层截留更多的悬浮物。

另外，两级 UUF 在运行过程中均未出现快速堵塞现象（尤其是一级 UUF）。运行 24 h 后，一级 UUF 的最大过滤水头损失介于 0.67～1.86 m 之间，绝大多数时间小于 1.50 m；二级 UUF 的最大过滤水头损失不超过 0.25 m。经分析，这应归功于轻质滤料较大的粒径。在滤料粒径较大的条件下，滤料间的孔隙也相应较大，过滤阻力因而会减小。

5.2.2　对色度的去除

原水的色度介于 25～40 度之间，平均值为 26.75 度。一级滤后水的色度介于 5～10 度之间，平均值为 6.25 度。二级滤后水的色度非常稳定，均为 5 度（图 5.6）。投加次氯酸钠对色度没有影响，最终出水的平均色度为 5 度。组合工艺对色度的总去除率为 81.3%，除色效果良好。

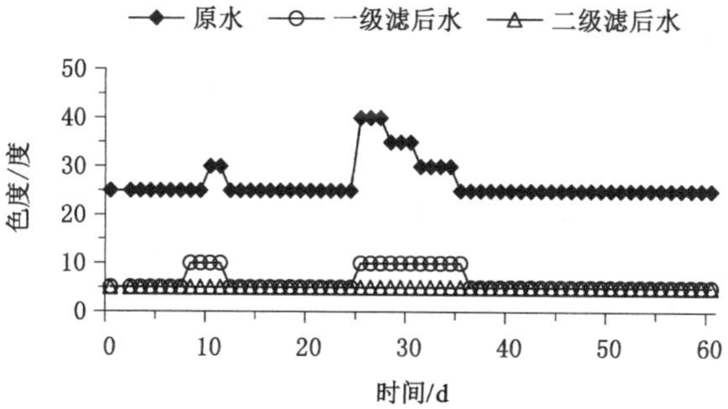

图 5.6　组合工艺度色度的去除效果

色度是一项感官性状指标，分为真实颜色（简称真色）和表观颜色（简称表色）。真色是由水中溶解性物质引起的，也就是除去水中悬浮物后的颜色；表色是指没有去除悬浮物的水所具有的颜色，包括了溶解性物质和不溶解性悬浮物所产生的颜色。

本试验中能够被去除的色度主要指表色。随着藻类等悬浮物及胶体物质经过混凝、过滤单元被有效去除，原水色度得以有效降低。次氯酸钠对水中的悬浮物没有明显的去除作用，因此出水色度没有进一步降低。

5.2.3 对 COD 的去除

原水的 COD 浓度介于 3.70～5.81 mg/L 之间，平均浓度为 4.43 mg/L。两级 UUF 对 COD 的平均去除率为 50.8%，其中一级和二级轻质滤料滤池对 COD 的平均去除率分别为 31.6%和 19.2%，滤后水的平均 COD 浓度分别为 3.03 mg/L 和 2.18 mg/L。投加次氯酸钠后，COD 浓度进一步降低（平均值为 2.12 mg/L），最终组合工艺对 COD 的总去除率为 52.1%（图 5.7）。

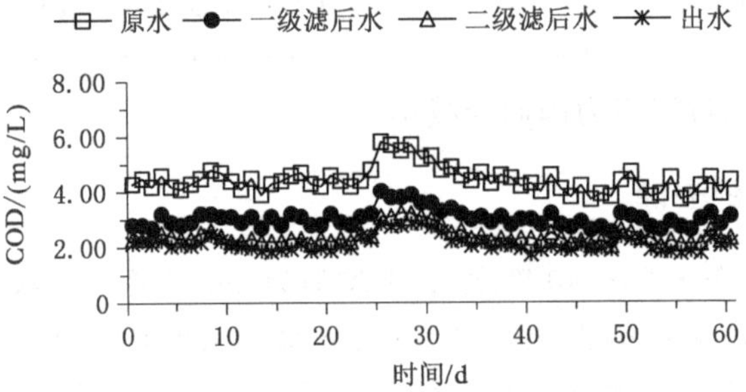

图 5.7　组合工艺对 COD 的去除效果

有机物可分为溶解态和悬浮态两种，去除方法主要有生物法、物理法和化学法三种。生物法是通过微生物的新陈代谢降解水中的有机物，尤其是溶解态的有机物；物理法是通过沉淀、过滤等方法去除水中呈悬浮态的有机物；化学法是通过化学药剂氧化分解水中的有机物。

若是聚苯乙烯超轻滤料的表面生长了生物膜，UUF 就会成为生物滤池，具有生物降解功能。在不同的生物膜法工艺中，通常选用不同类型的生物膜载体，而对载体的习惯叫法也不同。生物滤池工艺把附着生物膜的载体称为生物滤料，生物接触氧化工艺称其为生物填料，而生物转盘工艺则称其为盘片。一般来说，生物膜载体要满足以下技术要求[33]：

(1) 有较高的机械强度。

(2) 有较大的比表面积。

(3) 有一定的孔隙率以减少堵塞及便于反冲洗。

(4) 有较好的生物、化学及热力学稳定性。

由于聚苯乙烯超轻滤料的比表面积很小,不适宜作为生物填料。另外,在饮用水的处理过程中,由于原水有机物浓度普遍较低,滤料表面一般不会有明显的生物膜。

试验期间,未在聚苯乙烯滤料的表面发现生物膜,因此可以排除生物法的影响,UUF对COD的去除主要是通过去除水中的悬浮物来实现的。由于UUF对水中悬浮物的高效截留作用,悬浮物中的腐殖质、藻类等有机物质可被有效去除。次氯酸钠是强氧化剂,可氧化分解水中的部分有机物。因此,投加次氯酸钠可进一步提升COD的去除效果。最终,组合工艺对COD的总去除率为52.1%。

5.2.4 对氨氮的去除

原水中的氨氮浓度介于0.37～0.45 mg/L,平均值为0.40 mg/L。两级UUF对氨氮的平均去除率为27.5%,其中一级和二级UUF对氨氮的平均去除率分别为22.5%和5.0%,滤后水平均氨氮浓度分别为0.31 mg/L和0.29 mg/L。经次氯酸钠处理后,最终出水中的氨氮被全部去除(图5.8)。

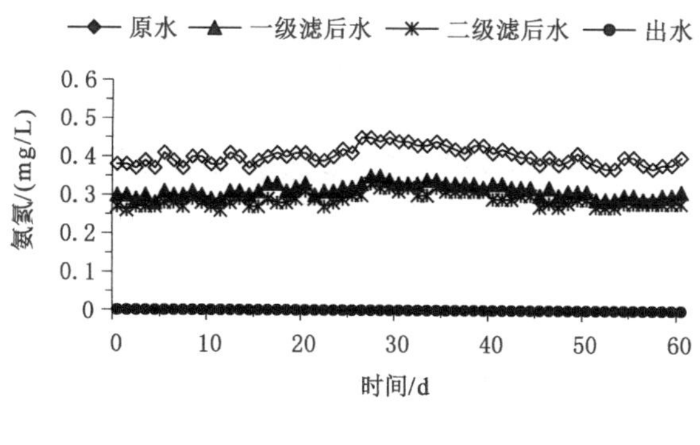

图5.8 组合工艺对氨氮的去除效果

水中氨氮以铵根(NH_4^+)和游离氨(NH_3)的形式存在,这两种成分的比例随水温和pH值变化,以铵根为主[42]。与COD类似,氨氮的去除方法同样包括生物法、物理法和化学法。生物去除氨氮的方法包括两个步骤:① 第一步是亚硝化反应,即亚硝化细菌将氨氮转化为亚硝酸盐。亚硝化细菌有亚硝化单胞菌属、亚硝化螺旋杆菌属和亚硝化球菌属等;② 第二步是硝化反应,即硝化细菌将亚硝酸盐进一步转化为硝酸盐。亚硝化细菌和硝化细菌统称硝化菌，严格好氧，是专性化能自养菌。硝化菌一般生活在滤料表面的生物膜中。然而，本次试验中并未在聚苯乙烯超轻滤料的表面发现有生物膜，因此，组合工艺对氨氮的去除应该主要是通过物理和化学的方法去除的。

本次试验中，小部分的氨氮可通过混凝、过滤被去除，大部分的氨氮可与次氯酸发生反应（次氯酸钠与水反应生成次氯酸），其反应方程式如下所示：

$$NH_3 + HClO \longrightarrow NH_2Cl + H_2O \tag{5.1}$$

由于二级 UUF 滤后水中的氨氮浓度并不高，因此采用折点加氯去除氨氮的方法是经济可行的。

5.2.5 对叶绿素 a 的去除

原水中的叶绿素 a 浓度介于 8.43～12.32 μg/L 之间，平均值为 10.43 μg/L。轻质滤料滤池对叶绿素 a 的平均去除率为 80.3%，其中一级和二级轻质滤料滤池对叶绿素 a 的平均去除率分别为 70.4% 和 9.9%，滤后水的平均叶绿素 a 浓度分别为 3.09 μg/L 和 2.06 μg/L。投加次氯酸钠后，最终出水中的叶绿素 a 浓度为 0 μg/L（图 5.9）。

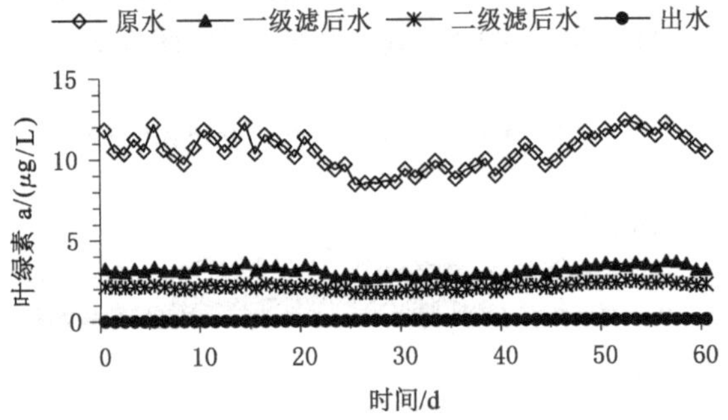

图 5.9 组合工艺对叶绿素 a 的去除效果

叶绿素是植物光合作用中的重要光合色素。通过测定浮游植物的叶绿素 a，可掌握水中藻类的生长情况。由《2023 中国生态环境状况公报》[36]可知，2023 年，全国河流水质总体继续向好，长江、黄河、珠江、松花江、淮河、海河、辽河七大流域和浙闽片河流、西北诸河、西南诸河主要江河监测的 3 119 个国控断面中，Ⅰ～Ⅲ类水质断面占 91.7%，比 2022 年上升 1.5%；劣Ⅴ类水质断面占 0.4%，与 2022 年持平。主要污染指标为 COD、高锰酸盐指数和总磷。在河流中有机物和营养物质浓度较低的情况下，水流流速较快，湍动程度较大，会干扰藻类的生长。因此，河流中的藻类含量一般都不高。

由检测结果可知，本次试验所用原水中的藻类含量处于较低水平，这应该与山区河流的有机物浓度较低且水流速度较快有关。UUF 对藻类有很强的去除效果，这应该归功于滤池对水中悬浮物的高效截留作用。次氯酸钠与水反应会生成次氯酸，而次氯酸有强氧化性，可有效灭活水中的藻类，因此最终出水中未检出叶绿素 a。

5.3　小结

(1) 得益于 UUF 对悬浮物的高效截留作用，组合工艺对浊度和色度均表现出了很好的去除效果，平均去除率分别达到了 99.9%和 81.3%，且滤池并未出现快速堵塞现象，运行非常稳定。

(2) 组合工艺对有机物有较好的去除效果，COD 平均去除率为 52.1%。其中，一级和二级 UUF 对 COD 的平均去除率分别为 31.6%、19.2%，次氯酸钠对 COD 的平均去除率为 1.3%。

(3) 组合工艺能够高效去除藻类，叶绿素 a 去除率高达 100%。其中，一级和二级 UUF 对叶绿素 a 的平均去除率为分别为 70.4%和 9.9%，次氯酸钠能够灭活剩余藻类。

(4) 组合工艺能够高效去除氨氮，氨氮去除率高达 100%。其中，一级和二级 UUF 对氨氮的平均去除率分别为 22.5%和 5.0%，次氯酸钠对氨氮的去除至关重要。

第6章　基于UUF的云龙湖水质净化组合工艺中试研究

云龙湖位于江苏省徐州城区西南部,其水源为玉带河。河水经过京杭运河和丁万河,水中有机物和营养物质浓度较高,必须经过处理之后才能进入云龙湖。现有处理工艺为预氧化+管道混合+机械絮凝+浮滤池+紫外消毒,其主要目的是提高水的透明度,但对有机物和营养物质的去除能力有限。另外,机械絮凝、气浮和紫外消毒工艺的设置,使得运行成本较高,操作管理难度也较大。

为了防止云龙湖富营养化,导致藻类暴发,以及降低现有工艺运行成本,本项目构建了一套"上向流轻质陶粒生物滤池(upflow lightweight-ceramsite biofilter,ULB)+(聚合氯化铝)混凝+侧向流斜板沉淀池+UUF+(次氯酸钠)消毒"组合工艺处理玉带河水,重点关注有机物和营养物质的去除效能以及制水成本,以期为现有工艺的改造提供技术支持,也为同类地区河湖水质净化提供一定参考。

6.1　材料与方法

6.1.1　试验装置

组合工艺包含ULB、基于多面球的网格式絮凝池、侧向流斜板沉淀池、UUF以及混凝剂投加系统和消毒剂投加系统,工艺流程如图6.1所示。其中,ULB可有效去除玉带河水中的COD、BOD_5、NH_4^+-N、TN、TP和悬浮物,出水经混凝、沉淀、过滤后可进一步去除上述物质,UUF出水经次氯酸钠消毒后可有效灭活水中的致病微生物及藻类。与传统的石英砂滤池相比,UUF的截污能力更强,聚苯乙烯超轻滤料的同体积价格也更便宜(仅为石英砂滤料的一半左右)。另外,由于聚苯乙烯超轻滤料的密度很小,搬运、安装所需的人工费极为低廉。

试验装置位于玉带河北岸、云龙湖以西约4 km的徐州市南望净水厂院内,设计水量为5 m^3/h。整套试验装置主要由两台设备组成:一台为ULB,另一台

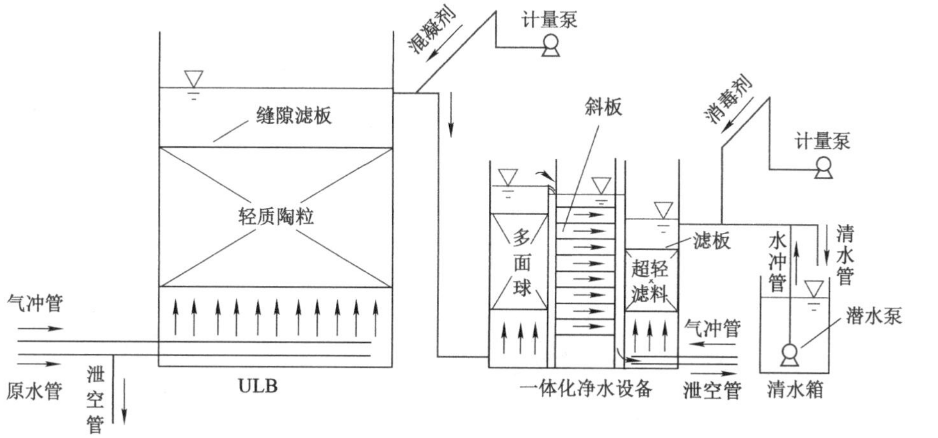

图 6.1　组合工艺结构示意图

为集混凝、沉淀、过滤、消毒于一体的一体化净水设备。玉带河水在原水泵提升作用下流入 ULB 进行生物处理，出水进入一体化净水设备进一步净化，UUF 出水经投加次氯酸钠消毒后流入清水箱。

(1) ULB。该设备的长、宽、高分别为 3 500 mm、3 000 mm、4 900 mm，有效水深为 4 600 mm。水流方向为上向流，自下而上分别流经配水区、生物陶粒滤层、缝隙滤板、清水区、集水槽。滤板缝隙的宽度为 3 mm，开孔比按 1% 设计。轻质陶粒[图 6.2(a)]的堆积密度为 355 kg/m^3，有效粒径 d_{10} 为 6.0 mm，不均匀系数 K_{80} 为 1.85，滤层厚度为 4 000 mm，孔隙率为 50%，水力停留时间(HRT)为 4 h。刚启动时，ULB 的工作周期为 5 d；随着运行时间的延长，ULB 的工作周期逐渐缩短；待设备运行 3 个月以后，ULB 的工作周期固定为 3 d，此时的初期过滤水头损失约为 0.25 m，末期过滤水头损失约为 1.75 m。ULB 的冲洗方式为"气冲-泄空"，具体方法为：停止原水泵；启动鼓风机气冲，冲洗强度为2.2 L/(s · m^2)，冲洗时间为 5 min；停止鼓风机，泄空池内冲洗废水。

(2) 一体化净水设备。该设备集混凝、沉淀、过滤、消毒于一体。采用聚合氯化铝(Al_2O_3含量为 30%)为混凝剂，投加量为 10 mg/L。网格式絮凝池内安装 ϕ50 聚丙烯多面球[图 6.2(b)]，孔隙率为 90%，絮凝时间为 20 min。侧向流斜板沉淀池的清水区液面负荷为 8 m^3/(m^2 · h)，斜板结构如图 6.3(a)所示。每张斜板由多个菱形通道组成，水流自菱形通道的一侧水平流入，自另一侧水平流出，水中悬浮物在重力作用下下落并自菱形通道下沿的排泥口排出。多张斜板平行间隔布置[图 6.3(b)]，每张斜板自排泥口排出的泥在重力作用下沿相邻斜板的背面滑落至池底。斜板的这种工艺结构与布置方式可以有效减少无效面积，能够在有限空间内获得更大的沉淀面积，非常适用于小型水处理设备。UUF 的正常滤速为 8 m/h，聚苯乙烯超轻滤料[图 6.2(c)]的堆积密度为 20 kg/m^3，有效粒径 d_{10} 为 1.0 mm，不均匀系数 K_{80} 为 1.17，滤层厚度为 1 000 mm；采用次氯酸钠(有效氯浓度为 11%)为消毒剂，投加量为 5 mg/L。

(a) 轻质陶粒　　(b) 多面球　　(c) 聚苯乙烯滤料

图 6.2　试验装置中的滤料和填料

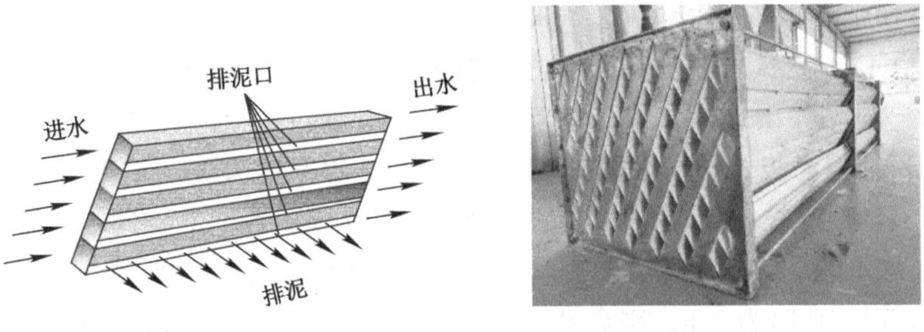

(a) 单个斜板结构　　(b) 组合斜板外观

图 6.3　斜板结构与实物外观

沉淀池单元每隔 24 h 进行排泥，滤池单元每隔 24 h 进行冲洗，一体化净水设备的最大水头损失为 0.42 m。UUF 的冲洗方式为“气冲-泄空-水冲”[23,43]，具体方法为：先进行气冲，冲洗强度为 4.0 L/(s·m^2)，气冲时间为 3 min；停止气冲，泄空池内冲洗废水，约耗时 5 min；自上而下对滤料层进行水冲，冲洗强度为 6.0 L/(s·m^2)，冲洗时间为 5 min。

整套试验装置的外观情况见图 6.4。试验中所用机电设备的规格、型号及性能参数见表 6.1。

图 6.4　试验装置外观

表 6.1　机电设备性能参数

序号	名　称	规格型号	性能参数	数量/台	备注
1	潜水泵	QX10-34-2.2(T)	Q=10 m³/h;H=34 m; N=2.2 kW;U=380 V	1	用于提升原水进入 ULB
2	潜水泵	50WQ15-18-2.2(JY)	Q=15 m³/h;H=18 m; N=2.2 kW;U=380 V	1	用于 UUF 的水冲洗
3	鼓风机	HC20S	Q=0.2 m³/min; N=0.25 kW;U=380 V	1	用于 UUF 的气冲洗
4	鼓风机	HC501S	Q=1.42 m³/min; N=2.2 kW;U=380 V	1	用于 ULB 的气冲洗
5	计量泵	GW010	Q=13 L/h;P=10 bar; N=25 W;U=220 V	2	1 台用于投加混凝剂,另 1 台用于投加消毒剂

6.1.2　原水水质

原水为玉带河水,主要水质指标见表 6.2。玉带河的水质特点主要为:① 有机物浓度较高,COD 和 BOD_5 达到《地表水环境质量标准》(GB 3838—2002)Ⅴ类标准。② 营养物质浓度较高,NH_4^+-N、TN、TP 分别达到Ⅳ类、劣Ⅴ类、Ⅲ类标准。而对于湖、库而言,该 TP 浓度属于Ⅴ类标准(湖、库的Ⅴ类标准限值是 0.2 mg/L)。由于湖水流速非常缓慢,若玉带河水未经有效处理便直接进入云龙湖，极易导致藻类暴发。

表 6.2　原水主要水质指标

项目	数值范围	平均值
水温/℃	14.1～22.3	18.5
pH	7.67～7.82	7.71
DO/(mg/L)	8.32～8.71	8.46
浊度/NTU	5.8～12.6	11.3
化学需氧量(COD)/(mg/L)	18.3～37.6	31.3
五日生化需氧量(BOD_5)/(mg/L)	5.2～10.0	8.7
氨氮(NH_4^+-N)/(mg/L)	0.57～1.56	1.27
总氮(TN)/(mg/L)	2.11～6.35	4.67
总磷(TP)/(mg/L)	0.18～0.20	0.19
叶绿素 a/(μg/L)	15～114	87
粪大肠菌群/(CFU/L)	320～450	410

6.1.3　试验方法

(1) 首先，自云龙湖进水口起至出水口止，沿水流流动方向在不同位置取样检测，分析相关水质污染指标的变化情况。

(2) 设备启动之后，首先培养生物膜，待 ULB 的生物降解能力提升到一定高度并稳定后(以 COD 去除率表征)，认为生物膜成熟(该阶段耗时近 3 个月)。将处理水量分别控制在 5 m^3/h、2.5 m^3/h 和 1.67 m^3/h，ULB 的 HRT 分别为 4 h、8 h 和 12 h，检测进出水中的 COD、NH_4^+-N、TN、TP 等指标，明确不同 HRT 条件下的 ULB 污染物去除效能。

(3) 之后，将处理水量控制在 5 m^3/h，整套试验装置正式运行，分别取原水、ULB 出水、一体化净水设备出水进行检测，分析试验装置对 COD、BOD_5、NH_4^+-N、TN、TP、叶绿素 a、浊度、色度、粪大肠菌群的去除效果。

需要说明的是，一体化净水设备出水指的是尚未投加次氯酸钠的 UUF 滤后水。自 ULB 滤料层底部起，上向每隔 1 000 mm 取一定数量的生物陶粒，刮取陶粒表面的生物膜泥样，将其分别标记为 W1、W2、W3、W4，检测微生物分类群数量和群落结构。由于最上层(4 000 mm 处)生物陶粒表面的生物膜数量极少，很难刮取，因此未采集该处的生物膜。

6.1.4　分析方法

COD采用重铬酸钾法，BOD_5采用稀释接种法，氨氮采用纳氏试剂分光光度法，总氮采用碱性过硫酸钾氧化紫外分光光度法，总磷采用钼锑抗分光光度法，色度采用铂钴比色法，叶绿素a采用分光光度法，粪大肠菌群采用多管发酵法[25]，三氯甲烷采用填充柱气相色谱法，卤乙酸采用液液萃取衍生气相色谱法，土臭素采用顶空固相微萃取气相色谱质谱法[44]，浊度采用Turb550浊度仪测定，pH采用Orion868-2型pH计测定，过滤水头损失通过过滤前后的测压管水头差表征，水温采用温度计测定，用电量采用DELIXI DTS606三相四线电子式电能表测定。

生物膜浓度按以下方法测定：取一定数量挂膜前的陶粒，测其堆积体积为V_1(m^3)，然后在105 ℃条件下烘干2 h，在干燥器内冷却至恒温后称其质量为A_1(g)；取一定数量挂膜后的陶粒，重复上述步骤，分别得到体积V_2(m^3)和质量A_2(g)；则生物膜浓度B(mg/L)按下式计算：

$$B=\frac{A_2}{V_2}-\frac{A_1}{V_1}$$

微生物分类群数量和群落结构委托上海派森诺生物科技有限公司进行高通量测序[45]，并按照下列方法进行分析：① 首先对高通量测序的原始下机数据根据序列质量进行初步筛查，对问题样本进行重测、补测；② 通过质量初筛的原始序列按照index和barcode信息，进行文库和样本划分，并去除barcode序列；③ 按照QIIME2 dada2分析流程或Vsearch软件的分析流程进行序列去噪或OTU聚类；④ 对各样本(组)在不同物种分类学水平的具体组成进行展示，了解整体概况。

6.2　结果与讨论

6.2.1　云龙湖水质演变规律

自云龙湖进水口起，沿水流流动方向在不同位置取样检测(取样点位置见图6.5)。图中，①号取样点位于云龙湖入口附近，⑦号取样点位于云龙湖出口附近。

1. COD演变规律

由图6.6可知，COD浓度沿云龙湖水流方向呈较为缓慢的上升趋势，表明湖体本身对COD的自净能力很差。自③号取样点起，COD浓度有小幅度上升，

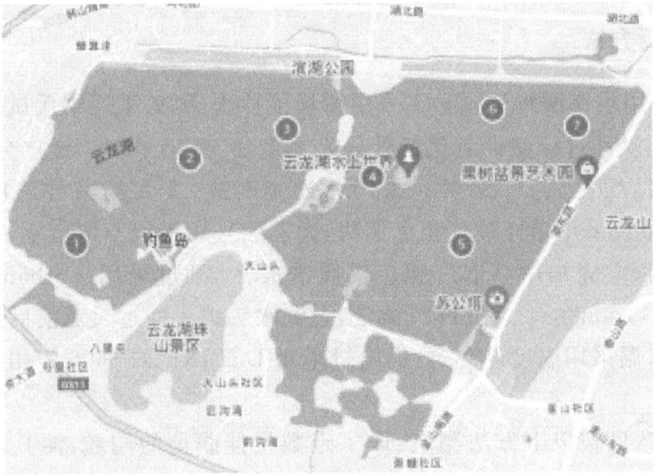

图 6.5　云龙湖取样点位置

可能与人类活动有关。由于云龙湖东湖对游客开放，其中⑥号取样点为万人游泳场附近，人类活动不可避免地会对水质造成一定程度的影响。以⑥号取样点为例，COD 浓度比入库口位置平均提高了 19.2%。综合考虑《地表水环境质量标准》(GB 3838—2002)(Ⅲ类水的 COD 限值为 20 mg/L)及云龙湖万人游泳场对水质的要求，建议入湖口位置的 COD 浓度不宜超过 16.8 mg/L。

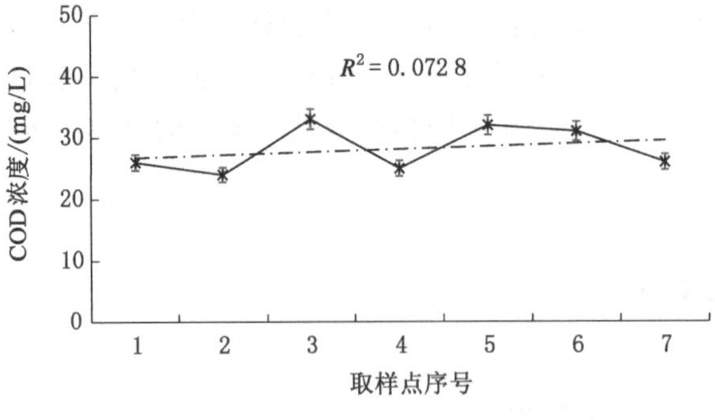

图 6.6　COD 沿云龙湖水流方向演变规律

2. 氨氮(NH_4^+-N)演变规律

由图 6.7 可知，湖体对水中的 NH_4^+-N 有很强的自净能力，尤其是在云龙湖的前半段，NH_4^+-N 浓度由①号取样点的 0.53 mg/L 快速下降到了④号点的 0.08 mg/L，降幅高达 84.9%。这可能与湖水流速缓慢、HRT 较长有关，此种环境非常适宜硝化细菌的生长。综合考虑《地表水环境质量标准》(GB 3838—

2002)(Ⅲ类水的 NH_4^+-N 限值为 1.0 mg/L)及云龙湖万人游泳场对水质的要求，建议入湖口位置的 NH_4^+-N 浓度不宜超过 1.5 mg/L(Ⅳ类水的 NH_4^+-N 限值为 1.5 mg/L)。

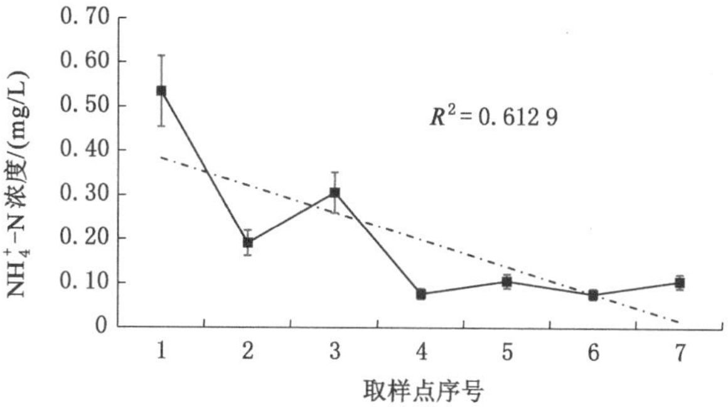

图 6.7　NH_4^+-N 沿云龙湖水流方向演变规律

3. TN 演变规律

由图 6.8 可知，TN 浓度自云龙湖入口处起，沿水流方向逐渐下降，以⑦号取样点计算，TN 浓度下降了 53.8%。该现象表明，云龙湖中必定发生了反硝化反应，湖体对 TN 有很强的自净能力。经分析后认为，DO 浓度自水面起沿水深逐渐降低，在湖体上层为好氧区，进行硝化反应，而在某一水深处很可能出现了缺氧区，或者在某一水深处的悬浮污泥颗粒内部出现了缺氧微环境，从而导致反硝化反应的发生。综合考虑《地表水环境质量标准》(GB 3838—2002)(Ⅲ类水的 TN 限值为 1.0 mg/L)及云龙湖万人游泳场对水质的要求，建议入湖口位置的 TN 浓度不宜超过 1.5 mg/L(Ⅳ类水的 TN 限值为 1.5 mg/L)。

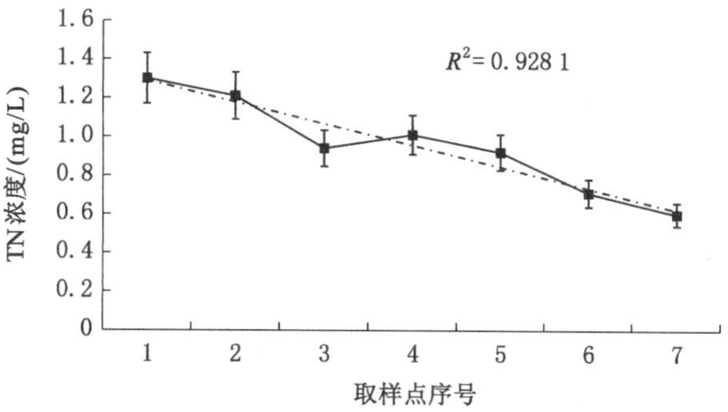

图 6.8　TN 沿云龙湖水流方向演变规律

4. TP 演变规律

由图 6.9 可知，TP 浓度自云龙湖入口处起，沿水流方向逐渐下降；到⑦号取样点止，TP 浓度降低了 20%，表明湖体对 TP 有一定的自净能力。经分析后认为，湖体上层为好氧区，进行吸磷反应，而在湖体某一水深处很可能出现了厌氧区，或在某一水深处的悬浮污泥内出现了厌氧微环境，从而导致释磷反应的发生。另外，水中很多微生物在新陈代谢过程中都会摄取一定量的磷，以维持自身生命活动，这也是水中 TP 浓度降低的另一个重要原因。综合考虑《地表水环境质量标准》(GB 3838—2002)(Ⅲ类水的 TP 限值为 0.05 mg/L)及云龙湖万人游泳场对水质的要求，建议入湖口位置的 TP 浓度不宜超过 0.062 5 mg/L(Ⅳ类水的 TP 限值为 0.1 mg/L)。

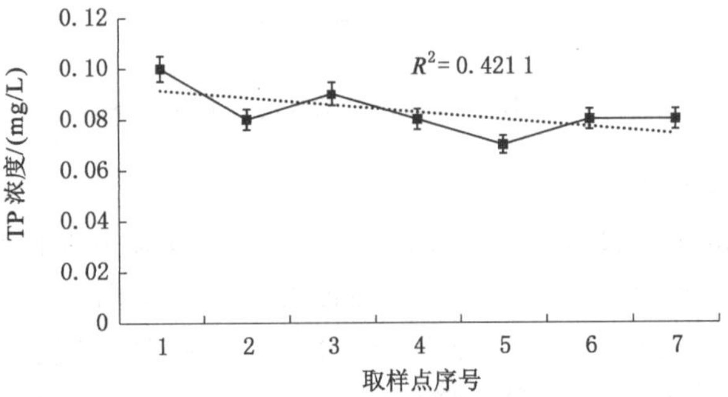

图 6.9　TP 沿云龙湖水流方向演变规律

5. 叶绿素 a 演变规律

由图 6.10 可知，自①号取样点开始，沿云龙湖水流方向，叶绿素 a 浓度迅速上升；到达④号取样点时，叶绿素 a 浓度的上升速度减缓，并在⑤号取样点有一定程度的下降，这可能与人类活动有关。藻类喜欢静止的水体、强光照以及高温环境，而人类活动(例如游船等)能够扰动水体，使得水流湍动程度增大，水体混合程度提高，从而能够降低表层水温，削弱水体中的光照条件，因此能够减缓藻类的生长速度。当水流到达出湖口位置时，叶绿素 a 浓度增高了 318.2%。

6. 浊度演变规律

由图 6.11 可知，自入湖口开始，浊度沿云龙湖水流方向逐渐上升；当到达出湖口位置时，平均浊度上升了 113.8%。湖水浊度的上升应该与藻类浓度的增高有关，藻类的迅速繁殖提高了水中的悬浮物浓度，使得水体的透明度下降。

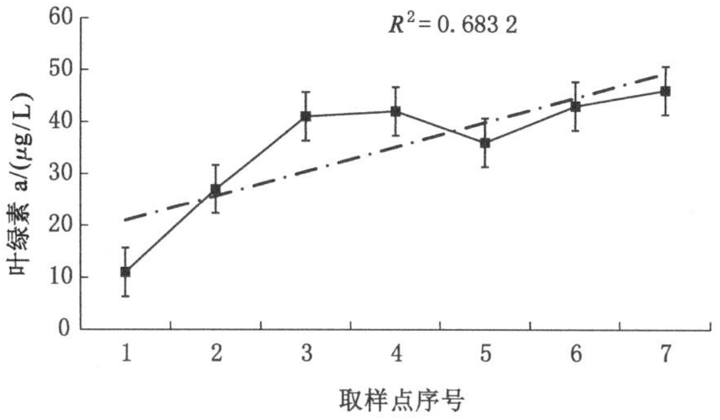

图 6.10　叶绿素 a 沿云龙湖水流方向演变规律

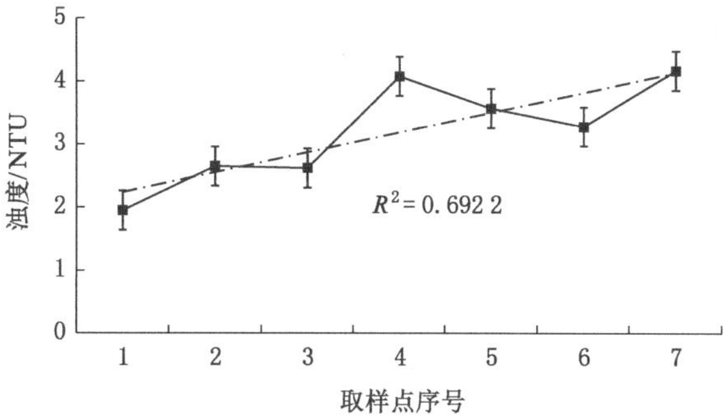

图 6.11　浊度沿云龙湖水流方向演变规律

6.2.2　HRT 对 ULB 有机物去除效能的影响

HRT 对微生物生化反应有重要影响。一般而言，随着 HRT 的延长，反应器对有机物和营养物质的去除效果越好。

1. HRT 对 COD 去除效能的影响

HRT 对 ULB 的 COD 去除效能有重要影响(图 6.12)。当 HRT 分别为 4 h、8 h 和 12 h 时，ULB 的 COD 平均去除率分别为 42.5%、68.8%和 87.5%。

2. HRT 对 NH_4^+-N 去除效能的影响

HRT 对 ULB 的 NH_4^+-N 去除效能有重要影响(图 6.13)。当 HRT 分别为 4 h、8 h 和 12 h 时，ULB 的 NH_4^+-N 平均去除率分别为 61.1%、79.4% 和 89.6%。

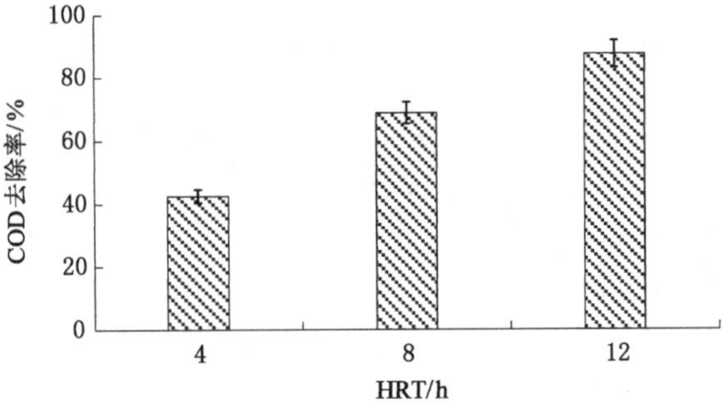

图 6.12　HRT 对 COD 去除率的影响

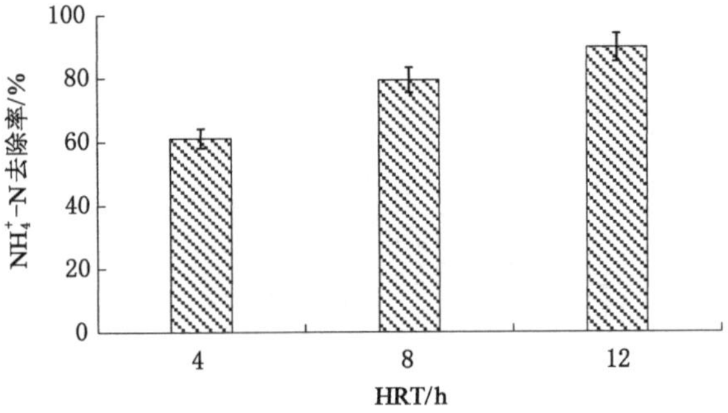

图 6.13　HRT 对 NH_4^+-N 去除率的影响

3. HRT 对 TN 去除效能的影响

HRT 对 ULB 的 TN 去除效能有重要影响(图 6.14)。当 HRT 分别为 4 h、8 h 和 12 h 时,ULB 的 TN 平均去除率分别为 47.6%、61.7%和 73.8%。

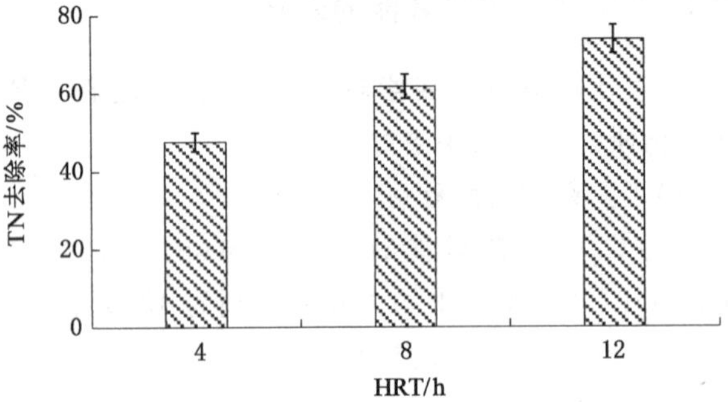

图 6.14　HRT 对 TN 去除率的影响

4. HRT 对 TP 去除效能的影响

HRT 对 ULB 的 TP 去除效能有重要影响(图 6.15)。当 HRT 分别为 4 h、8 h 和 12 h 时,ULB 的 TP 平均去除率分别为 68.1%、75.6%和 81.2%。

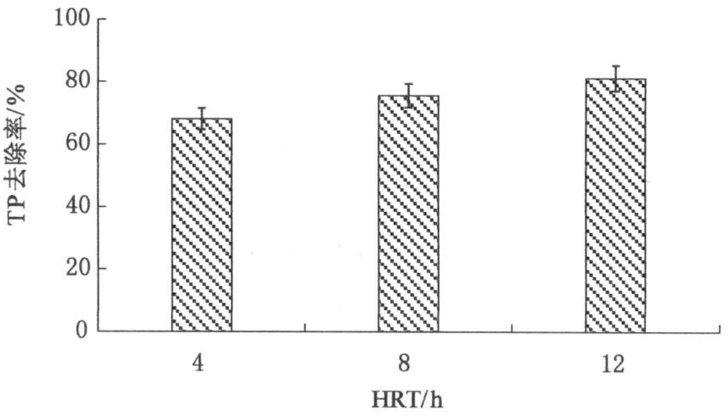

图 6.15　HRT 对 TP 去除率的影响

5. 讨论

ULB 的水处理方法属于生物膜法。生物膜法的实质是使细菌一类的微生物和原生动物、后生动物一类的微型动物附着在载体表面生长繁殖而形成膜状的生物污泥-生物膜,污水中的有机污染物和空气中的氧与生物膜接触并扩散其中,污水中的溶解性及胶体状有机污染物作为营养物质被生物膜上的微生物所摄取,污水得到净化,微生物自身得到繁衍增殖。

微生物细胞几乎能在水环境中的任何适宜的载体表面牢固地附着,并在其上生长和繁殖,微生物在载体表面的附着是在载体表面形成生物膜的第一步。随后,微生物在给定的环境下繁殖增长,最终发展成为具有一定厚度及密度的生物膜。

生物膜是在惰性载体表面形成的,有时均匀地分布在整个载体表面,而有时却非常不均匀;有时仅由单层的细胞所组成,而有时却相当厚,随着营养底物、时间和空间的改变而发生变化。由于生物膜主要由微生物细胞和它们所产生的胞外聚合物(EPS)所组成,因而生物膜通常具有孔状结构,并具有很强的吸附性能,其中含有大量被吸附和镶嵌于内的溶质和无机颗粒,从这个角度上讲,生物膜是由有生命的细胞和无生命的无机物组成的结构。

生物膜的累积形成是以下物理、化学和生物过程综合作用的结果:

(1) 液相中的悬浮微生物在水力作用、各种扩散力或布朗运动、细菌自身运动、重力等作用下移动到载体表面。

(2) 碰撞到载体表面的微生物细胞通过物理或化学力的作用附着在载体表

面。该过程是可逆的,是一个附着与脱附的双向运动,主要取决于微生物与载体表面间力的作用强度的大小。

(3) 附着的微生物细胞摄取并消耗水中的底物与营养物质,自身得到增殖;与此同时,细胞可产生包含 EPS 在内的大量产物,将生物膜紧紧地结合在一起。由此,微生物细胞在消耗水中底物能量进行新陈代谢时便使得生物膜形成积累。

(4) 代谢产物进入水中,或者细胞在增殖时也可向水中释放出游离的细胞。

生物膜逐渐成熟的标志是其沿水流方向的分布达到平衡,生物膜上由细菌及各种微生物组成的生态系以及其对有机物的降解功能也达到了稳定的状态。从开始形成到成熟,生物膜需要经历适应期和生长期。一般的城市污水在 20 ℃左右的条件下,大致需要 30 d 左右的时间。

图 6.16 是附着在生物滤池滤料上的生物膜构造。生物膜是高度亲水性的物质,由于污水在其表面不断更新,在其外侧总是存在着一层附着水层。生物膜又是微生物高度密集的物质,在膜的表面和一定深度的内部生长繁殖着大量的各种类型的微生物,并形成有机污染物-细菌-原生动物(后生动物)的食物链。这些微生物要生长繁殖,必然要消耗有机基质,因此,水中的 COD 和 NH_4^+-N 浓度会降低。

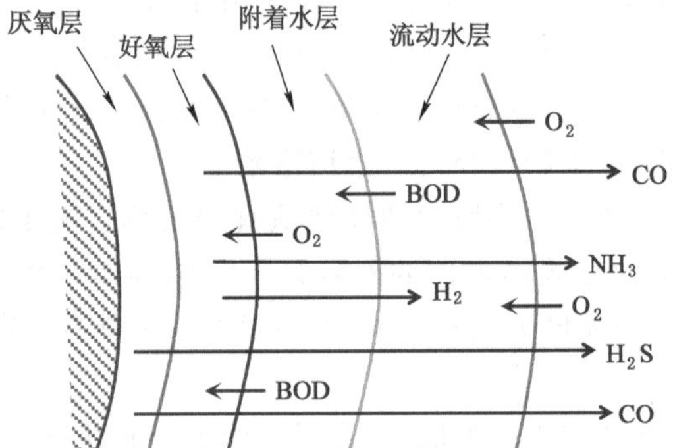

图 6.16　生物膜构造

生物膜在形成与成熟后,由于微生物不断增殖,生物膜的厚度不断增加。当生物膜增厚到一定程度时,在氧传质阻力的影响下,生物膜内部一定深度处会转变为缺氧甚至厌氧状态,进行反硝化反应和厌氧释磷反应;而在生物膜表层的好氧区,进行硝化反应和好氧吸磷反应。因此,生物膜具有一定的脱氮除磷功能。

不管是物理、化学,还是生物反应,都需要一定的反应时间,且随着反应时间的延长，水质净化效果就越好。因此，在本次试验中，随着 HRT 的延长，COD、NH_4^+-N、TN 和 TP 的去除效果逐渐提升。

综合考虑组合工艺进水（玉带河水）水质情况以及云龙湖入口处的水质要求，将 ULB 的 HRT 确定为 4 h。

6.2.3　组合工艺的污染物去除效能

1. 有机物去除效能

由图 6.17 可知，试验装置对 COD 的平均去除率为 80.83%，最终出水 COD 平均浓度为 6.45 mg/L。ULB 对 COD 的平均去除率为 44.44%，这应归功于生物膜的生物降解能力[46,47]以及生物陶粒滤料层对水中悬浮物的过滤作用。经检测，待生物陶粒完全成熟后，生物膜浓度为 1 026 mg/L，ULB 出水浊度小于 3.0 NTU（平均浊度为 2.85 NTU）。由此可知，ULB 对水中悬浮物有很好的截留作用，可以有效去除悬浮性有机物。生物膜可以通过生物降解功能去除溶解性有机物，但由于浓度偏低，在 COD 的去除过程中很可能处于次要地位。

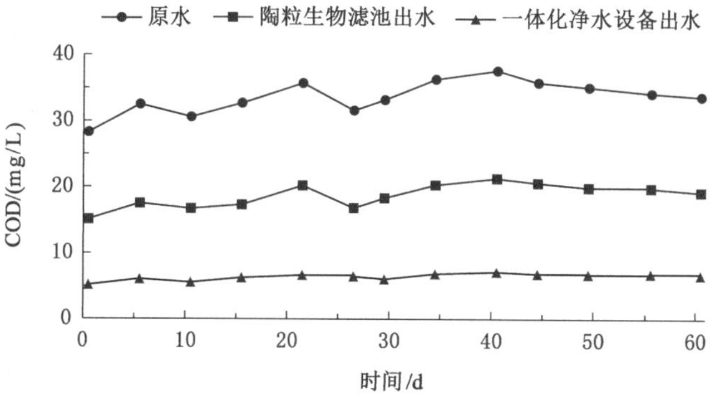

图 6.17　试验装置对 COD 的去除效果

一体化净水设备对 COD 的平均去除率为 36.39%。其中，网格式絮凝池、侧向流斜板沉淀池、UUF 分别贡献了 5.80%、21.85%和 8.74%。网格式絮凝池对 COD 的去除作用应归功于多面球表面附着生长的生物膜的生化作用[图 6.2(b)，左侧为挂膜后的多面球]，但由于 HRT 较短（仅为 20 min），因此 COD 去除效果有限。侧向流沉淀池和 UUF 对 COD 的去除应归功于对絮体的沉淀与过滤作用，通过去除絮体达到去除悬浮性有机物的目的。

试验装置对 BOD_5 表现出了类似的去除效果，平均去除率为 80.11%，出水平均浓度为 1.73 mg/L，其中 ULB 对 BOD_5 的平均去除率为 47.82%。

ULB 采用轻质陶粒为滤料，属于一种生物滤池。在早期的生物滤池中，污水通过布水器均匀地分布在滤池表面(下向流过滤方式),在重力作用下,以滴状喷洒下落,一部分被吸附于滤料表面,成为呈薄膜状的附着水层,另一部分则以薄膜的形式渗流过滤料,成为流动水层,最后到达排水系统,流出池外。污水流过滤床时,滤料截留了污水中的悬浮物,同时吸附污水中的胶体和溶解性物质。微生物利用吸附的有机物得以生长繁殖,这些微生物又进一步吸附污水中悬浮、胶体和呈溶解状态的物质,逐渐形成了生物膜。生物膜成熟后,栖息在生物膜上的微生物摄取污水中的有机物作为营养,对污水中的有机物进行吸附氧化,因而污水在通过生物滤池时能够得到净化。

生物滤池中污水的净化过程比较复杂,它包括污水中的传质过程、氧的扩散和吸收、有机物的分解和微生物的新陈代谢等各种过程。在这些过程的综合作用下,污水中有机物的含量大大减少,水质得到净化。

生物滤池中同时发生着有机物在污水和生物膜中的传质过程、有机物的好氧和厌氧代谢过程、氧在污水和生物膜中的传质过程和生物膜的生长和脱落过程。影响这些过程的主要因素有以下几个[48]。

(1) 滤池高度

人们早就发现,滤床的上层和下层相比,生物膜量、微生物种类和去除有机物的速率均不相同。以下向流生物滤池为例,滤床上层的污水中有机物浓度较高,微生物繁殖速率高,种属较低级,以细菌为主,生物膜量较多,有机物去除速率较高;随着滤床深度增加,微生物从低级趋向高级,种类逐渐增多,生物膜量从多到少。《室外排水设计标准》(GB 50014—2021)规定,曝气生物滤池的池体高度宜为5～9 m。

(2) 负荷

生物滤池的负荷是一个集中反映生物滤池工作性能的参数,同滤床的高度一样,负荷直接影响生物滤池的工作效率,主要有水力负荷和有机负荷两种。

水力负荷即单位面积的滤池或单位体积滤料每日处理的废水量,单位为"m^3(废水)/[m^2(滤池)·d]"或"m^3(废水)/[m^3(滤料)·d]",表征滤池的接触时间和水流的冲刷能力。水力负荷太大则流量大,接触时间短,净化效果差;水力负荷太小则滤料不能得到完全利用,冲刷作用小。一般普通生物滤池的水力负荷为1～4 m^3(废水)/[m^2(滤池)·d],高负荷生物滤池为5～28 m^3(废水)/[m^2(滤池)·d]。

有机负荷即指单位时间供给单位体积滤料的有机物量,单位为kg(BOD_5)/[m^3(滤料)·d]。由于一定的滤料具有一定的比表面积,滤料体积可以间接表示生物膜面积和生物数量,所以有机负荷实质上表征了F/M值。普通生物滤池的有机负荷在0.15～0.3 kg(BOD_5)/[m^3(滤料)·d],高负荷生物滤池在 1.1 kg(BOD_5)/[m^3(滤料)·d]左右。

对于曝气生物滤池的负荷，《室外排水设计标准》(GB 50014—2021)[49]的规定见表 6.3。

表 6.3　曝气生物滤池负荷

类型	功能	参数	单位	取值
碳氧化曝气生物滤池	降解污水中含碳有机物	水力负荷(滤速)	$m^3/[m^2·h(m/h)]$	3.0～6.0
		有机负荷	kg(BOD_5)/(m^3·d)	2.5～6.0
碳氧化/硝化曝气生物滤池	降解污水中含碳有机物和氨氮	水力负荷(滤速)	$m^3/[m^2·h(m/h)]$	2.5～4.0
		有机负荷	kg(BOD_5)/(m^3·d)	1.2～2.0
		硝化负荷	kg(NH_3-N)/(m^3·d)	0.4～0.6
硝化曝气生物滤池	对污水中氨氮进行硝化	水力负荷(滤速)	$m^3/[m^2·h(m/h)]$	3.0～12.0
		硝化负荷	kg(NH_3-N)/(m^3·d)	0.6～1.0
前置反硝化生物滤池	利用污水中碳源进行反硝化	水力负荷(滤速)	$m^3/[m^2·h(m/h)]$	8.0～10.0(含回流)
		反硝化负荷	kg(NO_3-N)/(m^3·d)	0.8～1.2
后置反硝化生物滤池	利用外加碳源进行反硝化	水力负荷(滤速)	$m^3/[m^2·h(m/h)]$	8.0～12.0
		反硝化负荷	kg(NO_3-N)/(m^3·d)	1.5～3.0

(3) 回流

回流多用于高负荷生物滤池的运行系统，对其性能有明显的影响，优点为：增大水力负荷，促进生物膜的脱落，防止滤池堵塞及蚊蝇孳生；可稀释污水，降低其有机负荷，并借以均化、稳定进水水质；可向生物滤池连续接种，促进生物膜的生长；增加进水的 DO，改善进水的腐化状态。缺点是：降低入流污水的有机物浓度，降低传质和有机物的去除率；冬季使池中水温降低；增加能耗，增大运行费用。

(4) 供氧

向生物滤池供给充足的氧是保证生物膜正常工作的必要条件，另外供氧也有利于排除代谢产物。普通生物滤池的氧一般来自大气，曝气生物滤池的氧来自曝气系统。

在本次试验中，ULB 进水中的 DO 来自大气复氧。由于原水(玉带河)中的 DO 浓度较高(接近饱和)，因此生物滤池本身未设置供氧系统，滤池出水的 DO 浓度约为 5 mg/L。ULB 的水力负荷为 12 m^3(废水)/[m^2(滤池)·d]，有机负荷为 0.026 kg(BOD_5)/[m^3(滤料)·d]。很明显，ULB 的水力负荷很高而有机负荷很低，这是由原水中有机物浓度过低所导致的。自 ULB 投入运行后，有机物去除率随运行时间的延长而延长，运行约 3 个月时达到稳定，表明生物膜成熟。

2. NH_4^+-N 去除效能

由图 6.18 可知，试验装置能够很好地去除 NH_4^+-N，平均去除率为 80.49%，出水平均浓度为 0.24 mg/L。ULB 对 NH_4^+-N 的去除发挥了重要作用，平均去除率为 57.72%。这同样得益于生物陶粒滤料层对水中悬浮物的过滤作用以及好氧环境下的硝化反应。由于生物陶粒滤料层的良好过滤作用，ULB 可以有效去除水中悬浮性 NH_4^+-N；而由于良好的硝化反应，ULB 对 NH_4^+-N 的去除效果明显优于 COD，平均去除率提高了 13.28%。研究结果[50, 51]表明，生物膜的 SRT 比活性污泥更长，更适于世代时间较长的硝化细菌的生长，因而能够取得更好的 NH_4^+-N 去除效果。

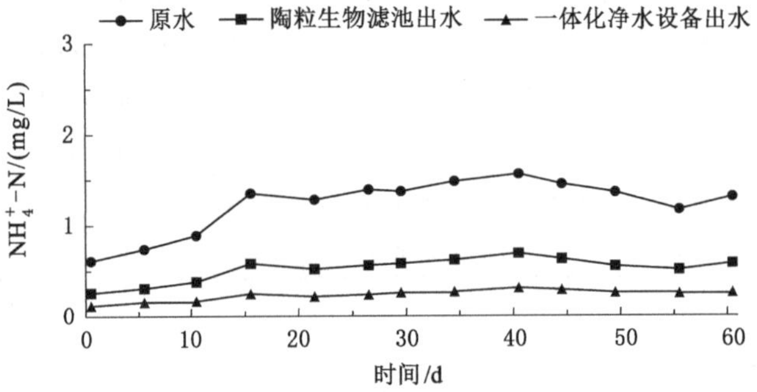

图 6.18　试验装置对 NH_4^+-N 的去除效果

硝化反应包括两个基本步骤：第一步是亚硝化反应，即亚硝化细菌将 NH_4^+-N 转化为亚硝酸盐。亚硝化细菌有亚硝化单胞菌属、亚硝化螺旋杆菌属和亚硝化球菌属等。第二步是硝化反应，即硝化细菌将亚硝酸盐进一步转化为硝酸盐。硝化细菌有硝化杆菌属、硝化螺旋杆菌属和硝化球菌属等。亚硝化细菌和硝化细菌统称硝化菌，严格好氧，是专性化能自养菌。

一体化净水设备对 NH_4^+-N 的平均去除率为 22.77%，其中，网格式絮凝池、侧向流斜板沉淀池、UUF 分别贡献了 6.41%、12.82%和 3.54%。网格式絮凝池对 NH_4^+-N 的去除应该归功于多面球表面附着生长的生物膜，在好氧环境下，生物膜中的硝化菌参与了硝化反应。侧向流斜板沉淀池和 UUF 对 NH_4^+-N 的去除分别是通过沉淀与过滤截留水中絮体来实现的。

3. TN 去除效能

由图 6.19 可知，组合工艺对 TN 的去除效果较好，平均去除率为 50.55%。

但由于原水 TN 浓度较高且波动较大，最终出水的 TN 浓度仍然较高，介于 1.13～3.15 mg/L（平均浓度为 2.26 mg/L）。其中，ULB 对 TN 的去除发挥了绝对作用，平均去除率为 50.11%，此种去除方式属于生物脱氮。

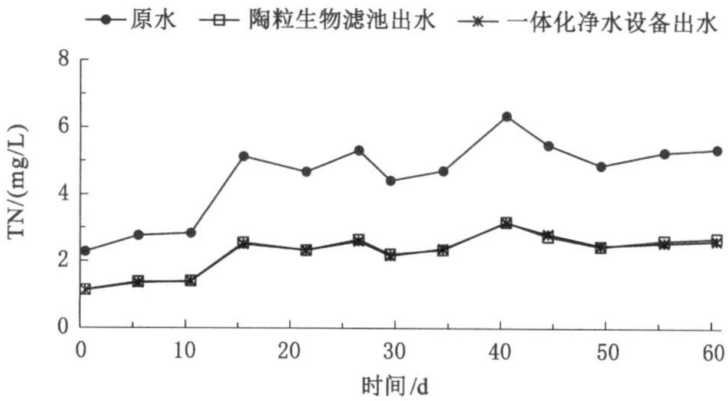

图 6.19　试验装置对 TN 的去除效果

水中的氮以有机氮和无机氮的形式存在。生物脱氮就是在有机氮转化为 NH_4^+-N 的基础上，通过硝化反应将 NH_4^+-N 转化为亚硝酸盐氮、硝酸盐氮，然后再通过反硝化反应将之转化为氮气从水中去除。生物脱氮包括以下三个过程：

（1）氨化反应

氨化反应是在好氧状态下，有机氮在氨化菌的作用下分解为氨氮的过程。例如，氨基酸的氨化反应如下所示。

$$RCHNH_2COOH + O_2 \xrightarrow{\text{氨化菌}} RCOOH + CO_2 + NH_3$$

（2）硝化反应

硝化反应已在第 4 章（见 4.2.4）进行了介绍，此处不再赘述。

（3）反硝化反应

反硝化反应是在缺氧（无分子态氧）的条件下，反硝化菌将亚硝酸盐和硝酸盐还原为气态氮的过程。参与反硝化作用的细菌有自养菌和异养菌，通常为异养菌，包括假单胞菌属、螺旋菌属和无色杆菌属等。它们多数是兼性菌，有分子态氧存在时，利用分子氧作为电子受体进行好氧呼吸；无分子态氧存在时，则利用硝酸盐和亚硝酸盐作为电子受体，有机物作为碳源及电子供体进行反硝化反应。以甲醇为例，反硝化反应式如下所示。

$$6NO_3^- + 2CH_3OH \xrightarrow{\text{硝酸还原菌}} 6NO_2^- + 2CO_2 + 4H_2O$$

$$6NO_2^- + 3CH_3OH \xrightarrow{\text{亚硝酸还原菌}} 3CO_2 + 3N_2\uparrow + 3H_2O + 6OH^-$$

总反应式为：

$$6NO_3^- + 5CH_3OH \xrightarrow{\text{反硝化菌}} 5CO_2 + 3N_2\uparrow + 7H_2O + 6OH^-$$

在反硝化过程中，硝酸盐氮通过反硝化菌的代谢活动有同化反硝化和异化反硝化两种转化途径，其最终产物分别是有机氮化合物和气态氮，前者为反硝化菌的组成部分，后者排入大气。

当缺乏有机物时，无机物如氢、Na_2S 等也可作为反硝化反应的电子供体。微生物还可以通过消耗自身的原生质进行内源反硝化，如下所示：

$$C_5H_7NO_2 + 4NO_3^- \longrightarrow 5CO_2 + NH_3 + 2N_2\uparrow + 4OH^-$$

内源反硝化的结果将导致细胞物质减少，并会有 NH_3 的生成，因此不能让内源反硝化占主导地位，而应向污水中提供必要的有机碳源。

影响反硝化过程的主要因素有：

① 温度

反硝化反应的最佳温度范围为 35～45 ℃。若气温过低，可采取增加 SRT、降低负荷等措施。

② pH 值

反硝化反应最佳的 pH 值范围为 6.5～7.5，当 pH 值低于 6.0 或高于 8.0 时，反硝化反应将受到强烈抑制。

③ DO

DO 对反硝化反应有很大影响，主要由于氧会同硝酸盐竞争电子供体，同时分子态氧还会抑制硝酸盐还原酶的合成及其活性。一般反硝化反应器内 DO 浓度应控制在 0.5 mg/L(活性污泥法)或 1 mg/L(生物膜法)以下。

④ 有机碳源

反硝化过程需要充足的碳源，BOD/TN(总氮)大于 3～5 时，无须外加碳源。否则需要投加甲醇或其他易降解的有机物作为碳源。

一般情况下，生物脱氮工艺至少需要设置两个构筑物：一个是好氧池，执行好氧条件下的氨化反应和硝化反应；另一个是缺氧池，执行缺氧条件下的反硝化反应。但是在本次试验中，一个构筑物(ULB)就取得了比较好的脱氮效果，该现象可以用同步硝化反硝化反应来解释。根据同步硝化反硝化理论，在氧传质阻力的影响下，DO 浓度在生物陶粒中的分布是不均匀的。在 DO 浓度较低的情况下，陶粒外层会形成好氧区，进行硝化反应，而在陶粒内部会出现缺氧区，进行反硝化反应[52]。在缺氧环境下，反硝化细菌可以将亚硝态氮和硝态氮还原成气态氮(N_2)或 N_2O、NO，并从水中逸出。

4. TP 去除效能

由图 6.20 可知，组合工艺能够有效去除 TP，平均去除率为 89.47%，平均出水浓度为0.02 mg/L。其中,ULB和一体化净水设备分别贡献了68.42%、21.05%。

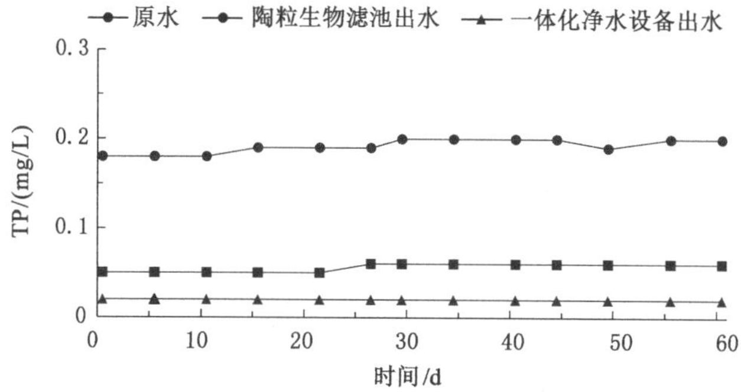

图6.20 试验装置对TP的去除效果

ULB对TP的去除方式属于生物处理方法。生物除磷主要依靠聚磷菌的活动来进行。聚磷菌是活性污泥在厌氧、好氧交替运行过程中大量繁殖的一种异养型兼性菌。该菌在好氧环境中的竞争能力很差,然而却能在细胞内储存聚β羟基丁酸(PHB)和聚合磷酸盐(Ploy-P)。在厌氧-好氧过程中,聚磷菌在厌氧池中成为优势菌,它可以吸收低分子的有机酸,并将储存于细胞中的聚合磷酸盐中的磷水解释放出来,并提供必需的能量。在好氧池中,聚磷菌将吸收的有机物氧化分解,同时能从污水中过量地摄取磷,在数量上远远超过其细胞合成所需磷量,将磷以聚合磷酸盐的形式储藏在菌体内而形成高磷污泥,通过剩余污泥排出,实现了生物除磷的目的。

影响生物除磷的因素有:

(1) DO和硝态氮

在厌氧区,DO直接影响聚磷菌的生长、释磷能力和利用有机基质合成PHB的能力。一方面,DO将作为电子受体抑制厌氧菌的发酵产酸作用,妨碍磷的释放;另一方面,DO会耗尽能快速降解的有机基质,从而减少了聚磷菌所需的低分子脂肪酸的产生量,造成生物除磷效果差。而在好氧区,必须提供足够的DO以满足聚磷菌对PHB进行降解,释放足够的能量供其过量摄取磷。因此,厌氧区的DO必须严格控制在0.2 mg/L以下,而好氧区的DO必须控制在2 mg/L左右。此外,厌氧区的硝态氮也会影响生物除磷效果。硝态氮的存在同样会消耗有机基质从而抑制聚磷菌的代谢,而且硝态氮会被利用作为电子受体发生反硝化反应。

(2) SRT

由于生物除磷系统主要是通过排放剩余污泥来除磷的，因此剩余污泥量的多少将决定系统的除磷效果。一般来说，SRT 较短的系统产生较多的剩余污泥，可以取得较高的除磷效果。而且，较短的 SRT 还有利于好氧段控制硝化作用的发生，进而有利于厌氧段磷的充分释放，因此，以除磷为目的的污水处理系统中宜采用较短的 SRT，一般控制在 3.5～7 d。

(3) pH 值

pH 值在 6～8 时，磷的厌氧释放较为稳定。pH 值低于 6 时，生物除磷效果将显著下降。

(4) 水温

水温对除磷的影响没有对生物脱氮过程的影响明显，无论在高温、中温还是低温条件下，不同的菌群都具有生物除磷能力，在 5～30 ℃都可以得到很好的除磷效果。但是，低温运行时厌氧区的停留时间要长一些。

(5) BOD 负荷和有机物性质

一般认为，较高的 BOD 负荷可以获得较好的除磷效果，BOD_5/TP 要大于 20～30，才能保证聚磷菌有足够的基质需求。为此，有时可采用部分原污水和省去初次沉淀池的方法以获得除磷所需要的 BOD 负荷。不同有机物作为基质时，对磷的厌氧释放和好氧摄取是不同的。低分子易降解的有机物容易被聚磷菌利用，诱导磷释放的能力较强，而高分子难降解有机物诱导磷释放的能力较弱。

由上述分析可知，一般情况下，生物除磷过程至少需要两个构筑物：一个是好氧池，执行好氧条件下的吸磷反应；另一个是厌氧池，执行厌氧条件下的释磷反应。在本次试验中，ULB 一个构筑物就取得了 68.42%的 TP 去除率，这可以通过厌氧微环境理论予以解释。在氧传质阻力的影响下，整个陶粒由外到内的 DO 浓度是逐渐降低的。陶粒外层为好氧区，聚磷菌在此进行吸磷反应；陶粒内部为厌氧区，聚磷菌在此进行释磷反应。

一体化净水设备的除磷效果应归功于混凝剂[53, 54]，经混凝形成的含磷絮体通过沉淀、过滤被有效去除，这种除磷方式属于化学法。可用于化学除磷的金属盐有 3 种：钙盐、铁盐和铝盐。最常用的是石灰（$Ca(OH)_2$）、硫酸铝（$Al_2(SO_4)_3\cdot 18H_2O$）、铝酸钠（$NaAlO_2$）、三氯化铁（$FeCl_3$）、硫酸铁（$Fe_2(SO_4)_3$）、硫酸亚铁（$FeSO_4$）和氯化亚铁（$FeCl_2$）等[26]。

最终，在生物除磷和化学除磷的共同作用下，组合工艺取得了接近 90%的除磷效果。

5. 其他指标去除效能

组合工艺对浊度、叶绿素 a、粪大肠菌群均表现出了良好的去除效果，平均去除率分别为 90.34%、93.33%和 62.22%，平均出水浓度分别为 0.56 NTU、

1.0 ug/L 和 170 CFU/L。其中,ULB 对上述指标的去除发挥了重要作用,平均去除率分别为 74.82%、86.67%和 55.56%。组合工艺对上述指标的去除主要应归功于生物陶粒滤料层对水中悬浮物的过滤作用以及一体化净水设备的混凝、沉淀和过滤作用,通过混凝可以使水中胶体脱稳并凝聚为絮体(絮体中含有藻类、粪大肠菌群及黏土颗粒等致浊物质),然后通过过滤和沉淀被有效去除。运行过程中也发现,组合工艺的耐冲击负荷能力较强,即便原水浊度和叶绿素 a 浓度发生较大的波动,出水水质非常稳定。

向 UUF 出水中投加次氯酸钠(有效氯浓度为 11%,投加量为 5 mg/L)接触 30 min 后,游离氯浓度为 0.05 mg/L,水中检测不到叶绿素 a 和粪大肠菌群。次氯酸钠与水反应生成次氯酸,而次氯酸可进入细胞内部与蛋白质发生氧化反应或破坏其磷酸脱氢酶,使糖代谢失调而致细胞死亡,因此可以有效灭活藻类和细菌。

组合工艺对色度的去除效果较差,平均去除率仅为 20.00%,出水平均色度为 20 度。其中,ULB 对色度基本没有去除效果。因此可以判定,玉带河水的颜色主要是由溶解性无机物质以及胶体形成的。组合工艺对溶解性无机物质基本没有去除能力,只有一体化净水设备对胶体有一定的去除效果。

向 UUF 出水投加次氯酸钠消毒后,三氯甲烷和卤乙酸浓度分别小于 0.000 041 mg/L 和 0.001 4 mg/L,土臭素浓度小于 0.000 004 8 mg/L,符合《生活饮用水卫生标准》(GB 5749—2022)的要求。因此可以认为,组合工艺最终出水进入云龙湖万人游泳场后,不会对人体健康产生不利影响。

6.2.4　ULB 生物陶粒滤层的微生物特性

1. 滤层不同深度的分类单元数量

由图 6.21 可知,陶粒生物滤层中域、门、纲、目、科、属、种七个水平的分类群数量随滤层深度的增加而增多。以种水平为例,污泥 W1～W4 的分类群数量分别为 6、27、38、50 个。显然,滤层底部生物膜中的分类群数量最少,1 000 mm 处生物膜中的分类群数量有大幅度增加;继续增加滤层的深度,生物膜中分类群数量的增加幅度明显减小。这应该与有机负荷有关。过滤初期,水中有机物和营养物质的浓度较高,有机负荷较高,微生物快速繁殖,分类群数量快速增加;过滤后期,水中有机物和营养物质的浓度降低,有机负荷降低,微生物增殖速度减缓,分类群数量的增速相应减缓。

2. 微生物群落结构

由图 6.22 可知,泥样 W1～W4 中的优势微生物主要有巨环旋轮虫属(*Philodina megalotrocha*)、*Poikilolaimus oxycercus*、*Paralagenidium karlingii*、*Arcella intermedia* 和 *Philodina* sp. DHS-2015。其中,巨环旋轮虫

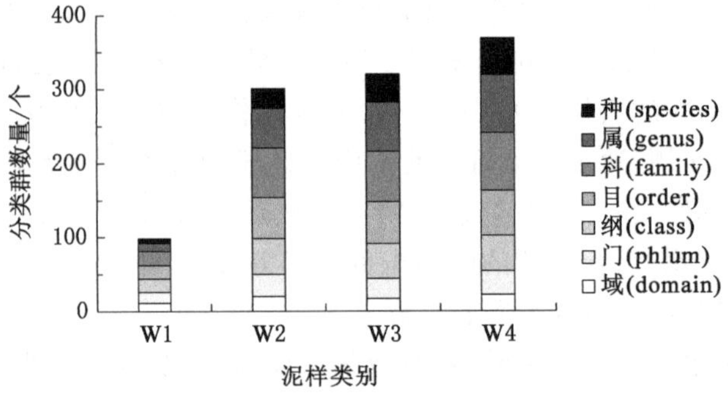

图 6.21　不同泥样的分类群数量

属在 4 个泥样中均占优势地位，相对丰度分别为 1.56%、2.09%、1.90%、0.76%。巨型旋轮虫是水生无脊椎微型动物，属于轮虫动物门真轮岗蛭态亚纲旋轮科旋轮属，生活在稳定水体中，分布广泛[55]。结合 ULB 的生物降解性能可以判定，巨环旋轮虫对有机物和营养物质的去除发挥了重要作用，其相对丰度之所以先升后降，可能与有机负荷沿滤层深度逐渐降低有关。

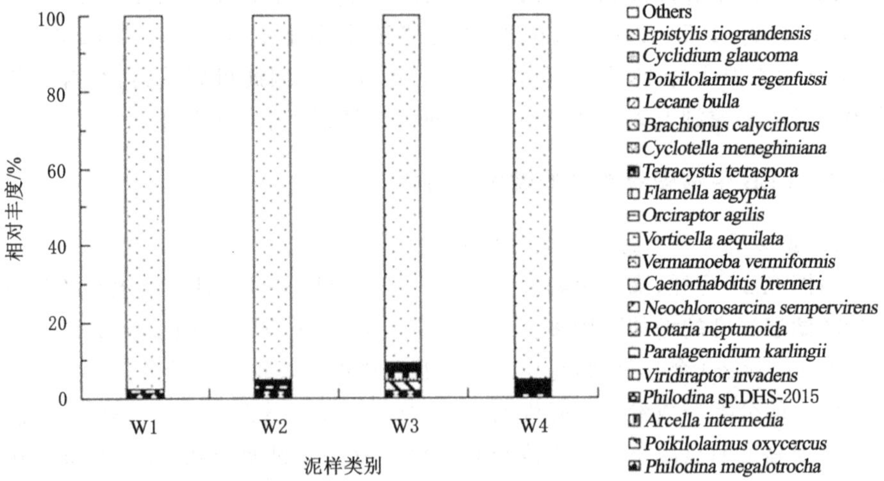

图 6.22　4 种生物膜泥样在种水平的微生物群落组成

6.2.5　组合工艺处理成本分析

1. 折旧成本

ULB 和一体化净水设备均为碳钢结构，配有原水泵、反冲洗水泵、鼓风机、计量泵、溶解池、清水箱、自动控制系统以及管材、管件若干。其中，ULB 的体积远大于一体化净水设备，所耗钢材也远高于后者。两套设备的建造费用分别为 18 万元和 12 万元，合计 30 万元。若使用寿命按 10 年计，则折旧成本为 0.684 9 元/m^3，其中，ULB 和一体化净水设备的折旧成本分别为 0.410 9 元/m^3 和 0.274 0 元/m^3。

ULB 的工艺结构简单，折旧成本与传统陶粒生物滤池基本相同。威海市第三污水厂扩建工艺为“LHPS 高效斜管沉淀池＋陶粒生物滤池”，处理水量为 40 000 m^3/d，工程总投资为 11 467 万元，使用寿命按 30 年计，则折旧成本为 0.261 8 元/m^3。考虑到扩建工艺中包含了斜管沉淀池，因此单独的陶粒生物滤池的折旧成本应更低。

一体化净水设备的工艺流程与大多数地表净水厂相同，均为常规工艺。但是，由于一体化净水设备的设计水量过小，因此具体到每个工艺单元，采取了与传统地表净水厂完全不同的工艺类型。通过在絮凝池内投加多面球，构建了网格式絮凝池，有效降低了建造费用；通过使用特殊结构的斜板，沉淀池面积可比传统斜板沉淀池减少 37.5%左右；通过使用 UUF，滤池面积可比普通石英砂快滤池减少 25%左右，且聚苯乙烯滤料的同体积价格仅为石英砂滤料的一半左右。因此，若使用钢筋混凝土结构，一体化净水设备的折旧成本应明显低于传统地表净水厂。方榕华等[56]经过统计分析后认为，杭州市水务集团有限公司清泰水厂的折旧成本为 0.305 0 元/m^3，但由于该水厂采用了臭氧预处理和膜深度处理，且在滤池单元使用炭砂滤料，因此该水厂的折旧成本应高于传统地表净水厂。

综上，若改为钢筋混凝土结构，组合工艺的折旧成本应远低于：0.261 8＋0.305 0＝0.566 8 元/m^3

2. 运行费用

(1) 维护维修费用

每年的设备维护维修费用主要用于碳钢净水设备的防腐及机电设备、输水管道的维护维修，按 3 000 元/年计，折合为吨水运行费用为 0.068 5 元/m^3。对于规模化的水厂，这部分费用可大幅度降低，清泰水厂[56]的维修费用仅为 0.005 1 元/m^3。

(2) 药剂费

聚合氯化铝的价格按 3 200 元/t 计，投加量为 10 mg/L，折合为吨水处理费用为 0.032 0 元/m^3。次氯酸钠的价格按 750 元/t 计，投加量为 5 mg/L，折合为吨水处理费用为 0.003 8 元/m^3。因此，吨水药剂费合计为 0.035 8 元/m^3。其中，次氯酸钠价格为徐州市某水厂的购买价格，而聚合氯化铝价格为课题组自行购买的价格(零售价)。经调研后发现,对于规模化的水厂,聚合氯化铝的价格可降至 2 400 元/t 以下,因此总药剂费可降至 0.025 0 元/m^3以下。

(3) 电费

用电设备包括 1 台原水泵、1 台反冲洗水泵、2 台鼓风机、2 台计量泵、2 台搅拌机,UUF 的工作周期按 24 h 计,ULB 的工作周期按 3 d 计。待生物陶粒挂膜成熟之后,组合工艺运行 100 d 的用电总量为 2 755 度,则每日用电量约为 27.55 度。依据目前的江苏电价收费标准,若按"大工业用电(1～10 kV)"分类(净水厂或污水厂一般属于此类),电度电价为 0.641 8 元/度,则吨水电耗为 0.147 3 元/m^2,明显低于清泰水厂[56](该厂的吨水电耗为 0.189 0 元/m^3)。

综上所述,本组合工艺的总运行费用为:0.068 5+0.035 8+0.147 3=0.251 6 元/m^3。

3. 处理成本及分析

综上所述,组合工艺的处理成本合计为:0.684 9+0.251 6=0.936 5 元/m^3。若实现规模化生产,将构筑物由碳钢结构改为钢筋混凝土结构,使用寿命延长至 30 年,组合工艺的处理成本应远低于以下数值(不计人工费):

$$0.566\ 8+0.005\ 1+0.025\ 0+0.147\ 3=0.744\ 2(\text{元}/m^3)$$

6.3 小结

(1) 组合工艺可以有效去除有机物和营养物质,对 COD、BOD_5、NH_4^+-N 和 TP 的平均去除率分别为 80.83%、80.11%、80.49%和 89.47%;对 TN 的去除效果一般,平均去除率仅为 50.55%。ULB 对 COD、BOD_5、NH_4^+-N 和 TP 的去除发挥了重要作用,对 TN 的去除发挥了决定性作用。

(2) 组合工艺可以有效去除浊度、叶绿素 a 和粪大肠菌群,平均去除率分别为 90.34%、93.33%和 62.22%,ULB 对上述指标的去除发挥了重要作用;组合工艺对色度的去除效果较差,平均去除率仅为 20.00%,ULB 对色度基本没有去除效果。

(3) 综合分析折旧成本和运行费用,组合工艺的处理成本为 0.936 5 元/m^3。若将碳钢材质改为钢筋混凝土结构,处理成本可降低 0.744 2 元/m^3(不计人工费)。

第 7 章　一种含有 UUF 的双过滤介质串联式膜生物反应器

膜生物反应器(MBR)具有很多优点,包括生物降解能力强、出水水质好、占地面积小、剩余污泥少等[57-59],已在全世界得到了广泛应用。截至 2019 年底,正在运营的 MBR 项目(单个项目的处理能力≥100 000 m^3/d)的总处理能力已经达到 11 399 000 m^3/d。中国已成为 MBR 应用的热点国家,在 62 项大型 MBR 工程中有 41 项位于中国,处理能力占到了总量的 64%[60]。然而,膜污染依然是制约 MBR 应用的最大障碍[61]。

所谓膜污染,主要是指料液中的胶体、悬浮物和可溶性物质等在膜表面和膜孔内吸附、沉积,造成过滤阻力增大、膜通量减小的现象[62-64]。影响膜污染的因素有很多,主要包括料液性质(pH 值、温度、MLSS 等)、膜材料特性(孔径大小与分布、表面电性、亲水性、表面粗糙度等)、污染物特性与浓度、工艺运行条件(SRT、膜通量、曝气强度等)等,使得膜污染呈现复杂特征。

根据污染物与膜的相互作用与形成位置,膜污染可分为吸附污染、膜孔堵塞污染和泥饼层污染。吸附污染指污染物因理化作用吸附在膜表面或膜孔内壁,与污染物自身荷电性、亲水性、溶解度以及膜材料表面电性、亲水性、吸附活性点等有关。膜孔堵塞污染通常指污染物进入膜孔所导致的膜孔窄化或堵塞,与污染物粒径和膜孔径有关。泥饼层污染指污染物在膜表面不断累积变厚并最终形成泥饼层,与污染物性质、工艺运行条件、EPS、微生物特性等有关[65]。

根据污染物性质,膜污染又可分为有机污染、无机污染和生物污染。三种污染相互作用,最终形成了复杂的膜污染物。其中,微生物在新陈代谢过程中产生的 EPS 已被证实是导致膜污染的最主要物质[66-68]。根据存在形式,EPS 可分为溶解性 EPS(S-EPS)和附着性 EPS(B-EPS)。根据附着牢固程度,B-EPS 又可分为双层结构、外层为松散附着性 EPS(LB-EPS)、内层为紧密附着性 EPS(TB-EPS)。由于 B-EPS 对活性污泥粒径、密实度、絮凝性能、沉淀性能等有重要影响,而泥饼层污泥主要来源于活性污泥,因此,B-EPS 与泥饼层过滤性能密切相关。S-EPS 对膜孔堵塞污染有重要影响。Wang 等[65]和 Jin 等[68]认为,S-EPS 和 LB-EPS 对膜污染的影响远大于 TB-EPS。

既然 EPS 是微生物代谢产物,那么明确微生物群落结构对于深入了解 EPS 和膜污染有重要作用。Liu 等[52]发现,活性污泥中相对丰度最高的 4 种微生物分别是拟杆菌、变形菌、酸杆菌和 *Saccharibacteria*。前三种细菌相对丰度的升高和 *Saccharibacteria* 相对丰度的降低会降低 EPS 含量。Yao 等[45]通过调控 SRT 和 BOD 污泥负荷,可以改变活性污泥中的微生物群落结构,降低 EPS 含量。

为了恢复膜通量,必须定期对膜组件进行清洗,操作程序较为复杂。清洗方法主要有两种:一种是物理方法,包括水力清洗、超声波清洗等;另一种是化学方法,包括酸洗和碱洗。物理清洗的效率较低,只能去除与膜黏附较为松散的污染物。化学清洗能去除与膜黏附较为紧密的污染物,是目前通用的恢复膜通量的方法,然而并不能高效、快速地完全恢复膜通量[69]。另外,化学清洗会加速膜材料的老化,缩短膜组件使用寿命,膜组件昂贵的价格使得 MBR 的运行费用非常高。与传统的活性污泥法相比,过高的运行费用是严重阻碍 MBR 应用的主要原因之一[60]。为此,人们开展了大量研究,致力于研发 MBR 的节能降耗新方法。

有研究者尝试使用廉价的粗孔材料(例如滤布、无纺布、尼龙网、不锈钢等)取代昂贵的微滤/超滤膜。在固液分离过程中,在粗孔材料的表面会形成泥饼层,该泥饼层又被称为动态膜(DM)。因此,一种运营成本低的动态膜生物反应器(DMBR)应运而生[70-72]。粗孔材料的孔径一般为 10～200 μm[73]。DM 的形成过程可分为三个阶段,分别是形成阶段、稳定阶段和清洗再生阶段[74]。其中,形成阶段就是粗孔材料不断截留活性污泥使得泥饼层逐渐附着成熟的过程。稳定阶段主要指动态膜形成之后至清洗再生之间的这段时间,是真正有效工作的过程。它不仅取决于动态膜性能(例如动态膜厚度、孔隙率等),还受到操作压力、错流速度、温度、曝气强度等运行条件的影响[75]。动态膜稳定运行一段时间后,过滤阻力会快速增大,通量明显下降,需要清洗再生以恢复过滤性能。由此可知,动态膜的形态与结构在运行过程中一直变化,导致出水水质很不稳定。

为了有效降低 MBR 的运营成本,以及提高出水水质的稳定性,将一种自制的廉价滤布组件与 UUF 串联以取代昂贵的膜组件,研发了一种双过滤介质串联式 MBR(DT-MBR)。其中,滤布组件淹没于曝气池中实现固液分离,UUF 置于曝气池外对滤布组件出水进行深度处理。采用 DT-MBR 试验装置处理生活污水,对其运行状况与处理效能进行了研究,重点关注有机物和营养物质的去除效能。

7.1 材料与方法

7.1.1 试验装置与操作方法

DT-MBR 试验装置主要由进水管、曝气池、供气管、曝气头、滤布组件、蠕动泵、UUF等组成，DT-MBR工艺结构见图7.1。其中，曝气池为不锈钢材质的长方体，长、宽、高分别为840 mm、720 mm、1 700 mm，有效容积为0.8 m^3；曝气头为直径215 mm的圆盘状三元乙烯橡胶(EPDM)微孔膜片，释放出的气泡直径为0.9～1.0 mm；自制滤布组件共2个，均为板框式结构，双面进水，下端出水，总过滤面积为1.0 m^2；滤布为涤纶材质，透气度为25 L/(m^2 · s)；UUF为DN200的有机玻璃圆柱(滤布组件和UUF外观见图7.2)。由于滤布组件出水管中含有大量气体，这些气体若进入滤池底部会在上升过程中扰动滤层，导致滤池过滤性能下降，影响出水水质。为此，将滤布组件出水管设计为"H"型结构。"H"型滤布组件出水管顶端开口，可将水中析出的气体排入大气，彻底解决了滤池进水中的气体问题。DT-MBR相关工艺特性见表7.1。

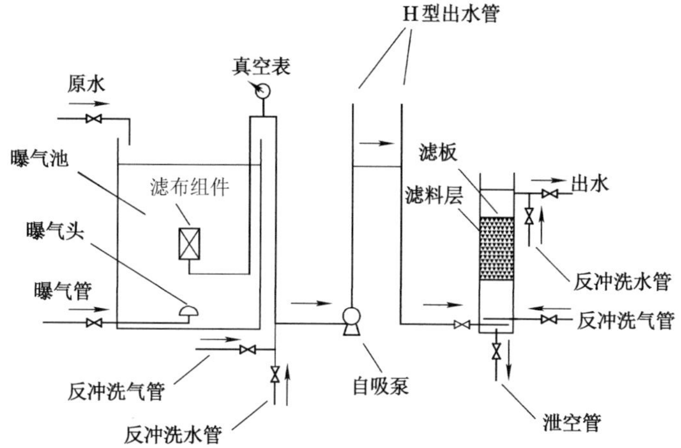

图7.1 具有"H"型滤布组件出水管的DT-MBR工艺结构图

左侧—滤布组件；右侧—UUF。

图7.2 板框式滤布组件与UUF

表 7.1　DT-MBR 工艺特性

序号	特性	描述
1	曝气池的外观尺寸/mm	长×宽×高=840×720×1 700
2	曝气池有效容积/m^3	0.8
3	滤布材质	涤纶
4	滤布尺寸/mm	长×宽×厚=769×650×0.95
5	滤布总过滤面积/m^2	1.0
6	滤布透气度/[L/(m^2·s)]	25
7	滤布单位面积质量/(g/m^2)	524
8	滤布经纬支数/[数/(10 m^2)]	156/106
9	滤布断裂强度/[N/(5×20 cm)]	3 227/2 544
10	滤布编织方式	平纹
11	UUF 外观	圆柱体
12	UUF 内径/mm	200
13	UUF 高度/m	1 500
14	UUF 的超轻滤料材质	聚苯乙烯
15	超轻滤料有效粒径/mm	1.0～2.0
16	超轻滤料不均匀系数 K_{80}	1.17
17	超轻滤料层厚度/mm	700
18	超轻滤料堆积密度/(kg/m^3)	20

运行时，原水自进水管流入曝气池，空气自供气管、曝气头进入曝气池以提供活性污泥新陈代谢所必需的 DO，同时使活性污泥与基质充分混合；活性污泥被滤布截留，含少量悬浮物的水在蠕动泵抽吸作用下穿过滤布，通过滤布组件出水管进入 UUF 的底部，然后自下而上经过滤料层到达滤板上方，最终通过滤池出水管流出。滤布组件的工作周期为 24 h，UUF 的工作周期为 15 d。DT-MBR 的处理水量为 100 L/h，曝气池 HRT 为 8 h，SRT 为 30 d，曝气系统的供气量为 0.4 m^3/h，滤布通量为 100 L/(m^2·h)，UUF 的滤速为 3.2 L/(m^2·h)。DT-MBR 的工艺参数见表 7.2。

表 7.2　DT-MBR 工艺参数

序号	工艺参数	数量
1	处理水量/(L/h)	100
2	HRT/h	8
3	SRT/d	30
4	供气量/(m^3/h)	0.4
5	滤布通量/[L/(m^2·h)]	100
6	UUF 滤速/(m/h)	3.2
7	滤布组件工作周期/h	24
8	UUF 工作周期/d	15
9	曝气池中混合液 DO 浓度/(mg/L)	2.8～4.1

采用“气冲-水冲”的方法对滤布组件进行冲洗，具体步骤为：① 空气通过滤布组件气冲管进入滤布组件内部，自内而外对滤布进行清洗，气冲强度为 1.5 L/(s·m^2)，时间为 9 min；② 停止气冲，清水通过滤布组件水冲管进入滤布组件内部，自内而外对滤布进行清洗，水冲强度为 1.0 L/(s·m^2)，时间为 1 min。

采用发明专利技术“一种超轻滤料滤池的冲洗方法”（专利号：ZL 202110930288.2）[23]对上向流超轻滤料滤池进行冲洗，具体步骤为：① 空气通过滤池气冲管进入滤池底部，自下而上对滤料进行冲洗，气冲强度为 8 L/(s·m^2)，时间为 3 min；② 停止气冲，在 3～5 min 之内泄空滤池内的冲洗废水；③ 清水通过滤池水冲管进入滤池上部，自上而下对滤料进行冲洗，水冲强度为 4 L/(s·m^2)，水冲时间为 3～5 min。

7.1.2　原水水质

本试验在徐州市三八河污水处理厂进行，该厂进水为生活污水。DT-MBR 试验装置放置在该厂的进水细格栅设备间，细格栅间隙为 5 mm。试验所用原水为细格栅出水，原水中的 COD 和 BOD_5 浓度明显低于正常生活污水，初步怀疑污水管道有破损，导致地下水进入使得污水被稀释。原水水质指标见表 7.3。

表 7.3 原水水质

序号	指标	数量范围	平均值
1	水温/℃	18.3～29.8	23.3
2	pH	6.6～7.3	7.1
3	SS/(mg/L)	219～1110	428
4	COD/(mg/L)	76.3～106.8	98.6
5	BOD_5/(mg/L)	46.2～74.7	62.3
6	NH_4^+-N/(mg/L)	21.2～28.7	25.3
7	TN/(mg/L)	22.8～30.2	27.9
8	TP/(mg/L)	3.37～5.11	4.52

7.1.3 检测方法

每周取 DT-MBR 进水、曝气池混合液、滤布组件出水、UUF 出水 2～3 次。按照标准方法[76]检测 MLSS、MLVSS、30 min 污泥沉降比(SV_{30})、COD、BOD_5、NH_4^+-N、亚硝态氮(NO_2^--N)、硝态氮(NO_3^--N)、TN 和 TP；按照 Wang 等的方法[77]提取 EPS；以每克 MLVSS 中多糖和蛋白质的总量表征 S-EPS、LB-EPS 和 TB-EPS；按照蒽酮比色法检测多糖[78]；按照修正后的 lowry 法检测蛋白质[79]；采用真空表测定滤布组件内外压差(TMP)；通过 Darcy 定律[80]计算滤布组件总过滤阻力(R_t)、滤布本身固有的阻力(R_m)、滤布孔隙阻力(R_p)和泥饼层阻力(R_c)。

采用 Model 2100A 浊度仪(Hach, USA)检测浊度；采用 Litesezer 500 Zeta 电位分析仪(Anton Paar, Austria)测定活性污泥的 Zeta 电位；采用 Mastersizer 3000 激光粒度仪(Malvern Panalytical, UK)测定活性污泥粒径；采用 HQ30dDO 分析仪(Hach, USA)测定 DO 浓度；采用 HQ11dpH 测定仪(Hach, USA)测定 pH 值。活性污泥的絮凝与沉淀性能分别用上清液浊度(ST)和污泥容积指数(SVI)表征。

7.1.4 微生物特性分析

自曝气池中取活性污泥样品，委托上海派森诺生物科技股份有限公司按下列步骤进行检测和分析微生物特性：

(1) 进行 Illumina Novaseq 高通量测序，然后对原始下机数据进行初步筛查，对问题样本进行重测、补测；

(2) 通过质量初筛的原始序列按照 index 和 Barcode 信息进行文库和样本

划分，并去除 barcode 序列；

（3）按照 QIIME2 dada2 分析流程进行序列去噪，获得 amplicon sequence variants（ASVs），同时保留基于 operational taxonomic units （OTUs）的 Vsearch 分析方法作为备选；

（4）获得 ASV/OUT 之后，对序列长度分布进行统计，以便检查这些序列的长度是否和测序目的片段的长度范围相当，是否存在异常长度的序列等；

（5）选用 Greengenes 数据库，采用 QIIME2 的 classify-sklearn 算法对物种进行注释；

（6）采用 QIIME2 （2019. 4）分析软件，使用 qiime feature-table rarefy 功能，对 ASV/OUT 丰度表进行抽平处理，抽平深度设为最低样本序列量的 95%；

（7）通过对抽平后的 ASV/OTU 丰度表进行统计，可以获得每个样本中的微生物群落在域、门、纲、目、科、属、种七个分类水平的具体组成。

7.2　结果与讨论

7.2.1　MLSS 变化趋势

DT-MBR 试验装置于 2022 年 5 月 25 日启动运行，历时 3 个多月，接种污泥取自徐州市三八河污水厂的曝气池。

将浓缩后的接种污泥放入曝气池中，然后充满原水并曝气，第 1 d 曝气池中的 MLSS 为 1 800 mg/L；之后，MLSS 增长迅速，第 6 d 达到了 11 120 mg/L；自第 7 d 起，MLSS 的增长趋势逐渐减缓，第 14 d 达到了 17 720 mg/L（图 7. 3）。自第 15 d 起，每日定量排出曝气池中 1/30 的混合液（体积比），将 SRT 控制在 30 d，MLSS 迅速下降并最终稳定在了 12 000 mg/L 左右。MLSS 的上述变化趋势应该与 BOD 污泥负荷有关。在一定范围内，BOD 污泥负荷越高，MLSS 增长速度越快，即微生物增殖速度越快。第 1 d 的 BOD 污泥负荷为 0. 103 8 kg/(kg · d)，第 6 d 时的 BOD 污泥负荷降至 0. 016 8 kg/(kg · d)，第 14 d 时的 BOD 污泥负荷进一步降至 0. 010 5 kg/(kg · d)，第 30 d 时的 BOD 污泥负荷为 0. 015 6 kg/(kg · d)。MLVSS 的变化趋势与 MLSS 大体相同，第 30 d 时的 MLVSS 约为 4 850 mg/L，MLVSS/MLSS 的比值为 0. 40。与 Yao 等的研究结果[45]相比，本次试验的 BOD 污泥负荷明显偏低，主要原因可能有两个：一是原水的 BOD_5 浓度偏低，仅为 Yao 等的 60. 5%；二是曝气池中的 MLSS 较高，是 Yao 等的 1. 77 倍。污泥负荷对污泥沉降性有重要影响，过高的污泥负荷会导致非丝状细菌成为优势菌，从而引发污泥膨胀[81]；而过低的污泥负荷会导致丝状菌大量繁殖，同样引发污泥膨胀[82,83]。

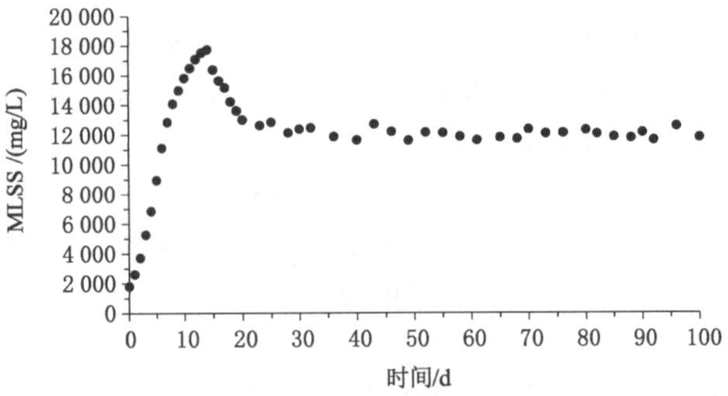

图 7.3　DT-MBR 中的 MLSS 变化趋势

同样的原因，本次试验的 BOD 污泥负荷也远低于《室外排水设计标准》(GB 50014—2021)规定的限值(表 7.4)。在后期的实际应用中，DT-MBR 要考虑同时脱氮除磷，因此应适用 0.05～0.10 kg/(kg·d)的设计值。

表 7.4　BOD 污泥负荷设计值

以去除碳源为目的的设计值/[kg/(kg·d)]				以生物脱氮除磷为目的的设计值/[kg/(kg·d)]
普通曝气	阶段曝气	吸附再生曝气	合建式完全混合曝气	
0.2～0.4	0.2～0.4	0.2～0.4	0.25～0.50	0.05～0.10

7.2.2　运行初期滤布组件的固液分离效果与过滤阻力变化情况

系统运行初期，未开启蠕动泵，采用“进水-曝气-静置沉淀-排出上清液”的序批操作方式运行曝气池，目的是培养活性污泥。其中，进水时间为 0.5 h，每次进水量约为 0.6 m^3；曝气时间为 5.5 h；静置沉淀时间为 1.0 h；排出上清液时间为 1 h。自第 5 d 起(MLSS 为 6 850 mg/L)，开启蠕动泵抽吸出水，完整的 DT-MBR 工艺正式运行。运行过程中发现，滤布组件的初始出水浊度和 SS 均很高，分别为 138.5 NTU 和 883 mg/L；过滤 1 h 后，两指标快速下降到了 47.1 NTU 和 337 mg/L；随着过滤时间的延长，两指标不断下降并在第 21 h 分别降低到了 6.5 NTU 和 80 mg/L；继续过滤，两指标的下降速度减缓；当过滤到第 72 h 时，两指标分别为 3.8 NTU 和 40 mg/L。同时，滤布过滤阻力随过滤时间的延长逐渐增大。当过滤到第 72 h 时，TMP 为 0.075 MPa，此时的 R_t 为 3.13×10^{12} m。滤布组件固液分离效果与过滤时间的对应关系如图 7.4 所示。

当过滤到第 72 h 时，关停蠕动泵，然后对滤布组件进行反冲洗。冲洗结束

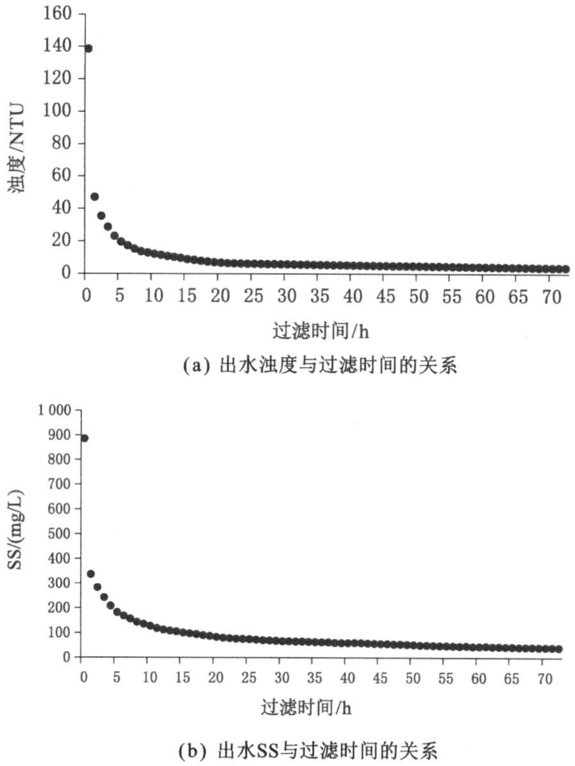

图 7.4　滤布组件固液分离效果与过滤时间的关系

后，再次开启蠕动泵抽吸出水，此时惊奇地发现，滤布组件的初始出水浊度和 SS 均很低（多次重复性试验结果表明，两指标分别在 4.2～6.4 NTU 和 43～78 mg/L 之间），滤布组件表现出了良好且稳定的固液分离效果。为了减小过滤阻力，降低运营成本，将滤布组件的工作周期调整为 24 h，测得过滤末期的 TMP 为 0.06 MPa，对应的 R_t 为 2.50×10^{12} m。其中，孔口阻力 R_p 为 1.67×10^{11} m，泥饼层阻力 R_c 为 2.33×10^{12} m。

7.2.3　DT-MBR 的处理效能

待 DT-MBR 运行稳定以后，分别取原水、滤布组件出水、上向流超轻滤料滤池出水（同时也是 DT-MBR 的最终出水），检测 COD、NH_4^+-N、TN、TP、SS、浊度等指标，每周检测 2～3 次。因为原水中的悬浮物含量较高且大粒径的悬浮物数量较多，严重干扰浊度的测量精度，所以未检测原水的浊度。

1. SS 去除效果

DT-MBR 将滤布组件与上向流超轻滤料滤池串联以取代传统的膜组件，取得了很好的固液分离效果，SS 平均去除率高达 98.6%。其中，滤布组件对悬浮物的去除发挥了主要作用，SS 平均去除率为 86.0%，滤布组件出水中的 SS 平均浓度为 58 mg/L，符合《污水排入城镇下水道水质标准》(GB/T 31962—2015)。DT-MBR 最终出水的 SS 平均浓度为 5.6 mg/L(图 7.5)，符合《城镇污水处理厂污染物排放标准》(GB 18918—2002)一级 A 标准；平均浊度为 0.7 NTU，远超《城市污水再生利用 城市杂用水水质》(GB/T 18920—2020)的要求。

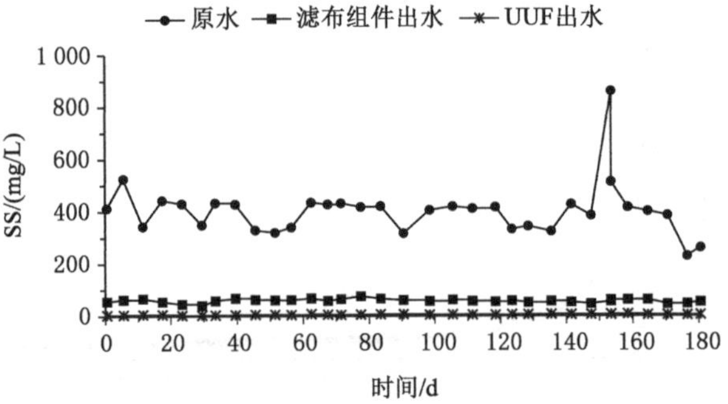

图 7.5　DT-MBR 对 SS 的去除效果

2. COD 和 NH_4^+-N 去除效果

得益于较高的活性污泥浓度、充足的 HRT 以及适宜的温度等条件，DT-MBR 表现出了很好的生物降解与硝化性能，对 COD 和 NH_4^+-N 的平均去除率分别为 90.2%和 98.4%(图 7.6 和图 7.7)，与 Liu 等[52,84]和 Münch 等[85]的研究结果大体相同。

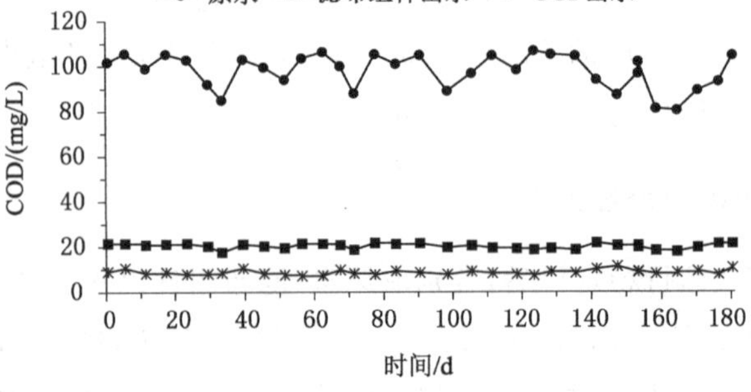

图 7.6　DT-MBR 对 COD 的去除效果

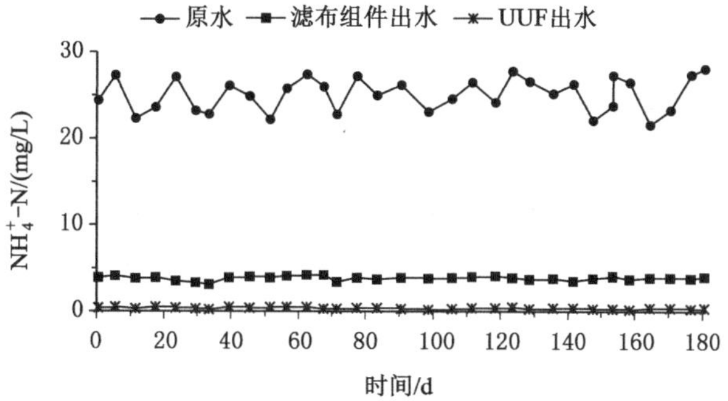

图 7.7　DT-MBR 对 NH_4^+-N 的去除效果

(1) 活性污泥的特性

DT-MBR 对 COD 和 NH_4^+-N 的去除主要是通过活性污泥的生物降解作用来实现的。所谓活性污泥，是指曝气池中由大量繁殖的微生物群体所构成的絮凝体，这种絮凝体易于沉淀分离，并使污水得到澄清。

正常的活性污泥为黄褐色絮绒颗粒，粒径一般介于 0.02～0.2 mm；具有巨大的比表面积，每毫升活性污泥的表面积大体上介于 20～100 cm^2；含水率很高，一般都在 99%（质量分数）以上，其相对密度则因含水率不同而异，一般介于 1.002～1.006。

活性污泥中的固体物质仅占 1%以下，这些固体物质由有机与无机两部分组成，其组成比例因原污水性质不同而异。如城市污水产生的活性污泥，其中有机成分占 75%～85%（质量分数），无机成分则占 15%～25%（质量分数）。

活性污泥中的有机性固体物质，主要由栖息在活性污泥上的微生物群体组成。微生物群体以好氧细菌为主，也存活着真菌、放线菌、酵母菌、原生动物以及后生动物等微型动物，这些微生物在活性污泥上组成了一个相对稳定的小生态系统。

(2) 微生物生态系统

活性污泥上的细菌以异养型原核细菌为主，数量为 10^7～10^8 个/mL。在活性污泥中占优势的细菌，主要有下列几种种属：动胶杆菌属（*Zoogloea*）、假单胞菌属（*Pseudomonas*）、产碱杆菌属（*Alcaligenes*）、黄杆菌属（*Flavobacterium*）等。至于哪些种属的细菌在活性污泥中占优势，则又取决于原污水中有机物的性质。

真菌的细胞构造较为复杂，而且种类繁多。在活性污泥处理系统中的真菌主要是微小的腐生或寄生的丝状菌，这种真菌具有分解碳水化合物、脂肪、蛋白质及其他含氮化合物的功能，但若大量异常增殖会导致污泥膨胀。

在活性污泥中存活的原生动物有肉足虫、鞭毛虫和纤毛虫等三类。细菌是原生动物的主要摄食对象。因此，出现在活性污泥中的原生动物，在种属上和数量上是随处理水的水质和细菌的状态变化而变化的。在活性污泥系统启动的初期，活性污泥尚未得到良好的培育，混合液中游离细菌居多，处理水水质欠佳，此时出现的原生动物，最初为肉足虫类(如变形虫)占优势，随之出现的则是以游泳型的纤毛虫，如豆形虫、肾形虫、草履虫等为主；当活性污泥菌胶团培育成熟，结构良好，活性较强时，混合液中的细菌多已聚集在活性污泥上，处理水水质良好，此时出现的原生动物则以带柄固着(着生)型的纤毛虫，如钟虫、等枝虫、独缩虫、聚缩虫和盖纤虫等为主。此外，原生动物还不断地摄食水中的游离细菌，起到进一步净化水质的作用。

后生动物(主要指轮虫)在活性污泥系统中不经常出现，仅在处理水质优异的完全氧化型活性污泥系统(如延时曝气活性污泥系统)中出现，因此，轮虫出现是水质非常稳定的标志。

在活性污泥系统中，细菌是净化污水的第一承担者，也是主要承担者，而摄食处理水中游离细菌，使污水进一步净化的原生动物是污水净化的第二承担者。原生动物是细菌的首次捕食者，后生动物摄食原生动物，又是细菌的第二次捕食者。

(3) 有机污染物的去除过程

在活性污泥处理系统中，有机污染物从污水中被去除的实质就是有机污染物作为营养物质被活性污泥微生物摄取、代谢与利用的过程。这一过程的结果是污水得到净化，微生物获得能量合成新的细胞，使活性污泥得到增长。

这一过程比较复杂，它由物理、化学、物理化学以及生物化学等反应过程所组成。这一过程大致由下列两个净化阶段组成。

① 初期吸附阶段

在活性污泥系统内，污水开始与活性污泥接触后的较短时间(5～10 min)内，污水中的有机污染物即被大量去除，出现很高的去除率。这种初期高速去除现象是由物理吸附和生物吸附交织在一起的吸附作用所引起的。

活性污泥具有很大的比表面积，而且在其中富集了大量的微生物，在其外部覆盖着多糖类的黏质层，因此有很强的吸附能力。当活性污泥与污水接触时，污水中呈悬浮和胶体状态的有机污染物即被活性污泥所凝聚和吸附，从而被从水中去除，这一现象就是“初期吸附去除”作用。

这一过程进行较快，能够在 30 min 之内完成，一般城市污水的 BOD 去除率可达 70%。它的速度取决于微生物的活性程度和反应器内水力扩散程度、水动力学程度。

前者决定活性污泥微生物的吸附、凝聚功能；后者决定活性污泥絮凝体与有机污染物的接触程度。一般处于“饥饿”状态的内源呼吸期的微生物，其活性最强，吸附能力也最强。

被吸附在微生物细胞表面的有机物，在经过数小时的曝气后，才能相继被摄入微生物体内，因此，被“初期吸附去除”的有机污染物的数量是有一定限度的。

② 微生物的代谢

存活于曝气池中的活性污泥微生物，不断地从其周围的污水环境中摄取有机污染物作为营养加以吸收。

污水中的有机污染物首先被吸附在活性污泥表面，并与微生物细胞表面接触，在微生物透膜酶的催化作用下，透过细胞壁进入微生物细胞体内。小分子的有机物能够直接透过细胞壁进入微生物体内，而淀粉、蛋白质等大分子有机物，则必须在细胞外酶的作用下，被水解为小分子后再被微生物摄入细胞体内。

被摄入细胞体内的有机污染物在各种胞内酶（如脱氢酶、氧化酶等）的催化作用下被微生物代谢反应。

微生物对一部分有机物进行氧化反应，最终形成 CO_2 和 H_2O 等稳定的无机物质，并从中获取合成新细胞物质所需要的能量。另一部分有机污染物被微生物用于合成新细胞，即合成代谢，所需能量取自分解代谢。

无论是分解代谢还是合成代谢，都能够去除污水中的有机污染物，但产物却有所不同。分解代谢的产物是 CO_2 和 H_2O，可直接排入环境；合成代谢的产物则是新生微生物细胞，以剩余污泥的形式排出活性污泥处理系统。

(4) 影响活性污泥净化反应的因素

影响活性污泥净化反应的影响因素较多，主要有水温、pH 值、DO、营养物质以及有毒物质等。

① 水温。温度的作用非常重要。温度适宜，能够促进、强化微生物的生理活动；温度不适宜，会减弱甚至破坏微生物的生理活动；不适宜的温度还可能导致微生物形态和生理特性的改变，甚至可能导致微生物死亡。参与活性污泥处理的微生物多属嗜温菌，其适宜温度为 10～45 ℃。为安全计，一般将活性污泥处理系统的最高与最低水温值分别控制在 35 ℃和 15 ℃。

② pH 值。微生物的生理活动与环境的酸碱度密切相关，只有在适宜的酸碱度条件下，微生物才能进行正常的生理活动。以 pH 值表示的氢离子含量能够影响微生物细胞膜上的电荷性质。电荷性质改变，微生物细胞吸收营养物质的功能也会发生变化，从而对微生物的生理活动产生影响。参与污水生物处理的微生物，一般最佳的 pH 值介于 6.5～8.5。

③ DO。参与污水活性污泥法处理的微生物种群以好氧菌为主体。因此，

在曝气池内必须要有足够的 DO。若 DO 不足，必将对微生物的生理活动产生不利的影响。根据活性污泥法大量的运行经验数据，若使曝气池内的微生物保持正常的生理活动，DO 浓度一般宜保持在不低于 2 mg/L 左右（以出口处为准）。DO 浓度过低，有利于丝状菌在系统内占优势，能够诱发污泥膨胀现象的发生。但 DO 浓度也不宜过高，否则会导致有机污染物分解过快，从而使微生物缺乏营养，活性污泥易于老化，结构松散。此外，DO 浓度过高会过量耗能，不经济。

④ 营养物质平衡。参与活性污泥处理的微生物，在生命活动过程中，需要不断地从环境污水中吸取必需的营养物质，包括碳源、氮源、无机盐类及某些生长素等。因此，这些物质在待处理污水中必须充足。碳是构成微生物细胞的重要物质，参与活性污泥处理的微生物对碳源需求量较大，以 BOD_5 计不应低于 100 mg/L。氮是组成微生物细胞内蛋白质和核酸的重要元素，可来自 N_2、NH_3、NO_3^- 等无机含氮化合物，也可以来自蛋白质、胨及氨基酸等有机含氮化合物。磷是合成核蛋白、卵磷脂的重要元素，它在微生物代谢和物质转化过程中起重要作用。磷也是微生物需求量最多的无机元素，磷源不足将影响酶的活性，从而使微生物的生理活动受到影响。微生物对碳、氮、磷的需求量可按 BOD：N：P=100：5：1 考虑。微生物对无机盐类的需求量较少，但却必不可少。对微生物而言，需要的主要无机盐类为磷以及钾、镁、钙、铁、硫等，它们参与细胞结构的组成、能量的转移、控制原生质的胶态等。微量的无机盐类则有铜、锌、钴、锰、钼等，它们是酶辅基的组成部分，或是酶的活化剂，需求量很少。

⑤ 有毒物质。有毒物质是指对微生物生理活动具有抑制作用的某些无机物质及有机物质，如重金属离子、酚、氰等。有毒物质对微生物的毒害作用有一个量的概念，只有当有毒物质在环境中达到某种浓度时，毒害与抑制作用才会显露出来。

3. TN 去除效果

DT-MBR 对 TN 的去除效果非常差，平均去除率只有 13.6%（图 7.8），水中的氮以 NO_3^--N 为主（浓度为 18.7～26.3 mg/L），其原因应该与 DO 浓度有关。只有在 DO 浓度较低的条件下，受氧传质阻力的影响，在活性污泥絮体内部才有可能形成缺氧区，进行反硝化反应[85, 86]。Münch 等[85]将 DO 浓度控制在 0.5 mg/L，Helmer 等[87]将 DO 浓度控制在 1.0 mg/L，Liu 等[88]将 DO 浓度控制在 0.8～1.1 mg/L，都取得了较好的脱氮效果。在本次试验中，混合液 DO 浓度较高（2.8～4.1 mg/L），无法在活性污泥絮体内部形成缺氧区，因此无法实现同步硝化反硝化（SND）。

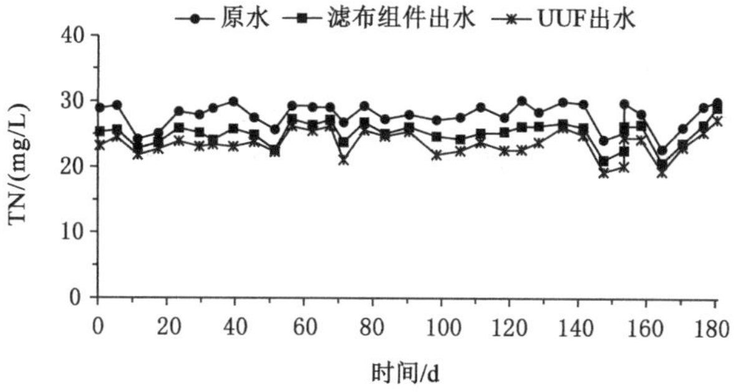

图7.8　DT-MBR对TN的去除效果

4. TP去除效果

同样由于DO浓度较高，在活性污泥絮体内部以及曝气池的局部区域难以形成厌氧区，聚磷菌无法进行厌氧条件下的释磷反应，因此DT-MBR的除磷效果较差，TP平均去除率只有50.7%(图7.9)，明显低于Liu等的研究结果[84,88]。

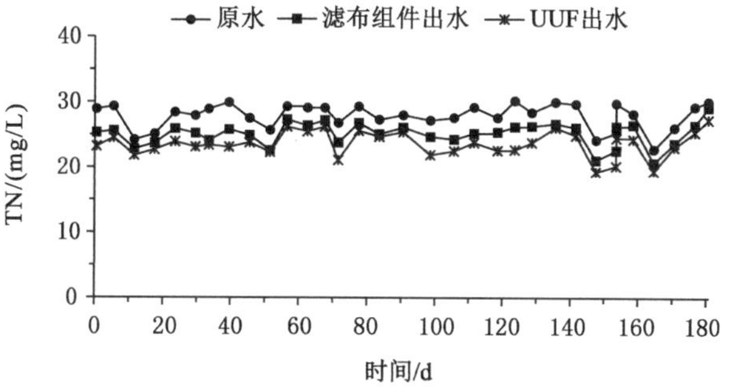

图7.9　DT MBR对TP的去除效果

7.2.4　活性污泥特性分析

Wang等[65]认为，活性污泥相关性能(例如粒径分布、絮凝性能、沉淀性能等)的改变会影响泥饼层过滤性能。由于R_c是R_t的重要组成部分，泥饼层过滤性能的变化必定会影响滤布的总过滤性能。因此，为了深入了解滤布的过滤过程，正确解析滤布组件的固液分离机理，对曝气池中的活性污泥相关性能进行了检测分析。

1. 活性污泥Zeta电位

待DT-MBR运行稳定之后，自曝气池中取活性污泥检测Zeta电位，结果如图7.10所示。活性污泥的平均Zeta电位为−0.009 8 V，标准偏差为±0.000 5 V。

根据扩散双电层理论，Zeta 电位能够定量表征微粒表面电荷的数量以及微粒间静电斥力的大小，而静电斥力对于活性污泥絮体的形成与稳定非常重要[89,90]。当微粒表面电荷数量非常少时，Zeta 电位（绝对值）也会非常低，此时的静电斥力不足以抵消范德瓦耳斯引力的作用，无法阻止微粒相互凝聚成絮体。Zeta 电位（绝对值）越低，微粒间的排斥力就越小，在范德瓦耳斯引力的作用下，活性污泥的絮凝性就越好。一般来说，活性污泥的 Zeta 电位介于－10～－25 mV 之间。由此可知，本次试验测得的 Zeta 电位处于较低水平，污泥絮体应具有较好的絮凝性。Bobade 等[91]发现 Zeta 电位随污泥浓度的升高而降低。Liao 等[92]也得出了类似的结论，认为污泥表面电荷随 SRT 的延长而减少。DT-MBR 的 SRT 较长，使得曝气池中的污泥浓度较高，这可能是本次试验中 Zeta 电位较低的主要原因。

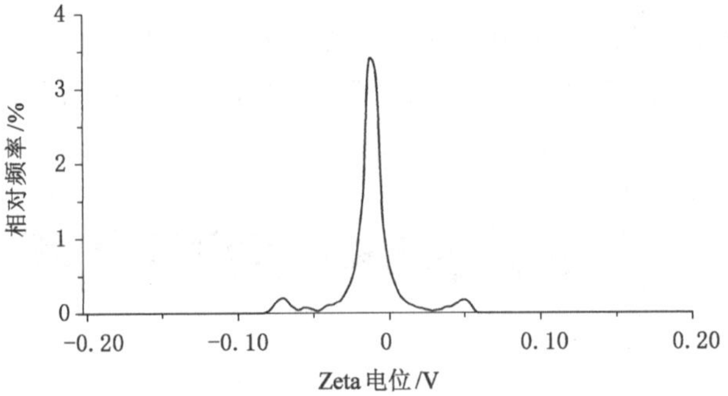

图 7.10　活性污泥絮体的 Zeta 电位相对频率分布

2. 活性污泥絮凝与沉淀性能

待 DT-MBR 运行稳定后，检测活性污泥的絮凝与沉淀性能，结果见表 7.5。DT-MBR 的上清液平均浊度为 6.3 NTU，远低于 Wang 等[65]的研究结果（上清液平均浊度为 8.3 NTU），其原因可能与污泥浓度有关。污泥浓度越高，Zeta 电位就越低，活性污泥的絮凝性能就越好[91]。

表 7.5　活性污泥的絮凝与沉淀性能

ST/NTU			SVI/(mL/g)		
最小值	最大值	平均值	最小值	最大值	平均值
6.1	6.5	6.3	63.3	71.6	67.8

活性污泥的 SVI 平均值为 67.8 mL/g，远低于 Wang 等[65]的研究结果（平

均 SVI 为 201 mL/g)，表明 DT-MBR 的活性污泥具有很好的沉淀性能。根据 DLVO 理论，污泥絮体的表面电荷对水中胶体的稳定性有重要影响，而 Zeta 电位能够定量表征污泥絮体的表面电荷。Steiner 等[93]发现，污泥絮体表面电荷越多，SVI 值就越高。Magara 等[94]发现污泥负荷越高(在原水 BOD 浓度不变的情况下，污泥负荷越高表明污泥浓度越低)，SVI 值就越大，其原因应该与污泥絮体表面电荷有关。Liao 等[92]认为 SRT 与污泥絮体表面电荷有一定相关性，对 SVI 有一定影响。当 SRT 为 4～20 d 时，SVI 平均值介于 60～85 mL/g 之间。因此，DT-MBR 中活性污泥的沉淀性较好，应该与污泥的 Zeta 电位较低有关。

3. 活性污泥粒径分布

经检测，DT-MBR 中的活性污泥 d_{10} 为 6.41 μm，d_{90} 为 36.54 μm，平均粒径为 20.03 μm(图 7.11)，比 Liu 等[88]的研究结果减小了 31.7%。DT-MBR 活性污泥的平均粒径较小，但沉降性较好，表明活性污泥密度较大，结构较为致密。

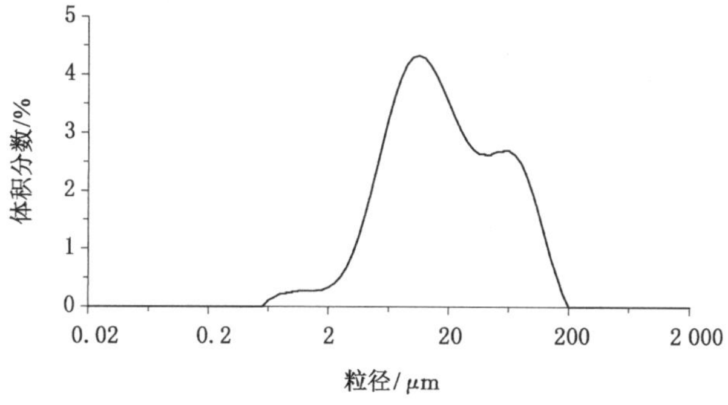

图 7.11　DT-MBR 中的活性污泥粒径分布

7.2.5 微生物群落结构

水温为 23 ℃时，自曝气池中同时取 6 个活性污泥样本，检测其微生物组成，并选取相对丰度最高的 20 种微生物。6 个污泥样本中，相对丰度最高的 3 种微生物依次是硝化螺菌属、Run-SP154、*Candidatus Competibacter*，平均相对丰度依次是 6.97%、4.77%和 3.50%(图 7.12)。在绝大多数污水厂，硝化螺菌属是活性污泥中的优势菌种，在该菌种的作用下，氨氮被氧化为亚硝酸盐并最终被氧化为硝酸盐[95,96]。正是因为硝化螺菌属的存在，DT-MBR 才取得了很好的去除氨氮效果。*Run-SP*154 也是活性污泥中常见的一种细菌，有人认为它对除磷有重要作用[97]。*Candidatus Competibacter* 可以分泌多糖，有助于微生物的絮凝[98]，但它对除磷有阻碍作用[99]，因此 DT-MBR 的除磷效果较差。

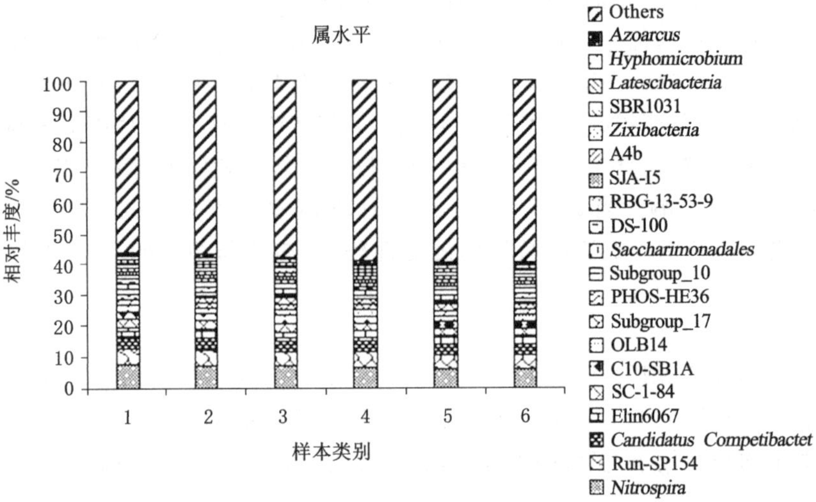

图 7.12 属水平的 6 个活性污泥样本中的微生物群落

7.2.6 EPS 分布特性

待 DT-MBR 运行稳定后，检测各种 EPS 浓度，检测结果如图 7.13 所示。S-EPS、LB-EPS 和 TB-EP 的平均浓度分别为 4.13 mg/g、6.36 mg/g、16.12 mg/g，比 Liu 等[52]的研究结果略低，其原因应该与 SRT 有关。不同 SRT 条件下的污泥负荷不同，微生物群落结构就有差异，各种 EPS 含量自然会有不同。Yao 等[45]认为，SRT 为 30 d 时的 EPS 含量最低。EPS 覆盖在微生物细胞表面，可以通过改变污泥表面性质、疏水性以及表面电荷（以 Zeta 电位表征），提高活性污泥的凝聚性与结构的稳定性[100]。An 等[101]认为，S-EPS 和 LB-EPS 与活性污泥的形成负相关，通过静电斥力影响污泥的凝聚性；TB-EPS 与活性污泥的形成正相关，通过离子桥接和疏水作用促进活性污泥的形成。Wang 等[65,77]也认为，S-EPS 和 LB-EPS 含量越低，活性污泥的絮凝与沉淀性能就越好。

7.2.7 原位自生静态膜(ISASM)概念的提出

前文中提到，有研究者使用粗孔材料（例如滤布）截留活性污泥混合液，可以在粗孔材料表面形成 DM。本次试验中，在滤布表面同样形成了 DM（图 7.14）。由检测结果可知，曝气池中活性污泥的 Zeta 电位较低，污泥的絮凝与沉淀性能较好，絮体粒径较小，结构较为致密，这应归功于适宜的 BOD 污泥负荷。由于

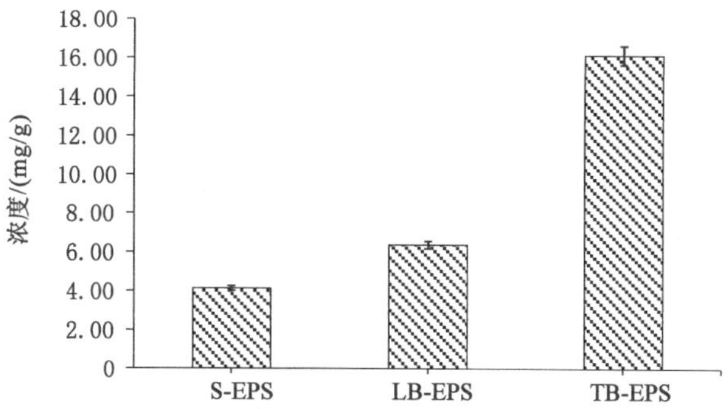

图 7.13 DT-MBR 中的各种 EPS 含量

DM 的污泥主要来源于活性污泥，活性污泥性能的改善必然会提高 DM 的过滤性能。另外，由于 S-EPS、LB-EPS 和 TB-EPS 含量的降低，同样也会提高 DM 的过滤性能。经计算得知，滤布表面的 R_c 为 2.33×10^{12} m，比传统 MBR[77] 降低了 44.3%。但是，上述结果不能合理解释为何滤布组件在反冲洗后仍能保持良好和稳定的固液分离效果。因为依据 DM 理论，当 DM 运行一段时间后，过滤阻力会快速增大，通量会明显下降，需要清洗再生以恢复过滤性能。而清洗之后，DM 的形态与结构会遭到严重破坏，过滤性能会大幅度下降。因此，DM 的出水水质在运行过程中很不稳定，与本试验的研究结果明显不符。

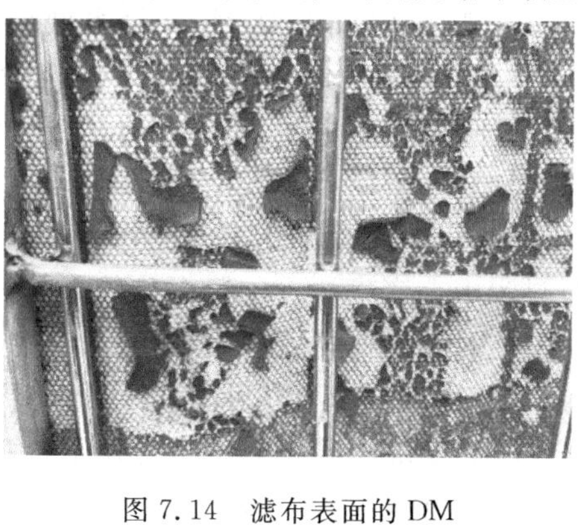

图 7.14 滤布表面的 DM

滤布过滤阻力主要由泥饼层阻力和滤布孔隙阻力组成，因此滤布过滤性能也应该与泥饼层、滤布孔隙有关。既然泥饼层（或称 DM）的形态与结构在运行过程中一直变化，导致 DM 的出水水质很不稳定，那么有理由相信，滤布组件出水水质在反冲洗后仍能保持良好和稳定的原因只能与滤布孔隙有关，为此提出了 ISASM 概念。初步认为，经过一段时间的连续过滤，在滤布孔隙内壁上附着形成了一层黏附力较强的内衬式污泥(即 ISASM)，使得孔径变小，筛滤作用增强；当孔径足够小时，滤布孔隙的筛滤作用会在固液分离中发挥主导作用。根据黏附力的强弱，ISASM 又可分为双层结构，内层为紧密附着层，外层为松散附着层。反冲洗时，松散附着层在气/水流剪切力作用下剥落，而紧密附着层的形态与结构依然保持稳定。因此，虽然反冲洗后的滤布孔径会小幅度增大，但孔隙筛滤作用仍在固液分离中占主导地位，这应该是滤布组件出水水质在反冲洗后仍能保持良好和稳定的根本原因。

经检测与计算后得知，清洁滤布的过滤阻力 R_m 为 0.84×10^{11} m，冲洗前的 R_p 为 1.67×10^{11} m，冲洗后的 R_p 为 1.39×10^{11} m，从侧面证实了 ISASM 的存在。另外，在试验中发现，气冲强度对滤布组件的过滤性能有重要影响。在其他条件不变的前提下，以 1.5 L/(s·m^2)的气冲强度冲洗完毕后，滤布组件过滤到第 24 h 的 TMP 为 0.06 MPa；当气冲强度提高到 5.0 L/(s·m^2)时，滤布组件过滤到第 24 h 的 TMP 仅为 0.04 MPa，从另一个侧面证实了 ISASM 的存在。

7.2.8 运行费用

与传统 MBR 相比，DT-MBR 的运行费用非常低。课题组在前期研究[45,52,65]中所使用的聚偏氟乙烯(PVDF)中空纤维微滤膜的市场价格为 90～140 元/m^2，膜通量为 10 L/(m^2·h)，膜组件使用寿命为 2～3 年。Zhang 等[60]通过查阅并分析文献后发现，国内大中型 MBR 污水处理厂的膜通量为 11～40 L/(m^2·h)，平均为 20.9 L/(m^2·h)；膜组件使用寿命为 4～7 年，平均为 5 年。当然，也发现有大量使用寿命介于 4～5 年的。据统计，2019 年的膜组件平均价格为 370 元/(m^3·d)。据此推算，当年的膜组件平均价格可以换算为 185.59 元/m^2，明显高于我们在前期研究中所用的膜。Jia 等发现[102]，大型 MBR 工程在实际运行过程中会产生严重的膜污染问题，产水量会大幅度衰减，即膜通量会锐减。在企业中，膜组件的更换需要经过评估、上报、审核、批准等程序，在完成更换之前，很多膜组件实际上很可能已经严重超期服役。因此有理由相信，这些大型 MBR 工程中膜组件的实际使用寿命很可能远低于理论值。在前期研究[45,52,65]中我们发现，膜组件化学清洗的间隔时间与膜通量密切相关。当膜通量为 10 L/(m^2·h)时，中空纤维微滤膜组件每隔 4 个月左右化学清洗 1 次，清洗之后的膜丝强度和韧度会明显下降，膜组件的平均使用寿命约为 2 年。为了延长膜组件使用寿命，笔者的多年工程经验表明，当处理生活污水时，中空纤维微滤膜的膜通量一般不宜超过 5 L/(m^2·h)，最高不得超过 10 L/(m^2·h)；当处理城市垃圾压滤液等高浓度难降解废水时，中空纤维微滤膜的膜通量不宜超过 3 L/(m^2·h)。

另一方面，本实验中所使用的板框式滤布组件的市场价格预计不超过 20 元/m^2(因为尚未形成产品，市场价格只能估算)，可在 100 L/(m^2·h)的通量下连续运行，且使用寿命远超微滤膜组件。例如，徐州市三八河污水处理厂的滤布滤池至今已运行超过 5 年，所用滤布展现出了良好的过滤性能，至今尚未更换；本试验中使用的板框式滤布组件至今已运行超过 2 年，过滤性能仍然良好。UUF 中所使用的聚苯乙烯滤料价格仅为石英砂滤料的一半左右，使用寿命与石英砂基本相当。另外，滤布组件与上向流超轻滤料滤池的过滤阻力都比较小。因此，DT-MBR 可大幅度降低因使用和更换膜组件所产生的运营成本，降幅超过 90%。综上所述，DT-MBR 是传统 MBR 的良好替代工艺，具有非常好的应用前景。

7.3　小结

为降低传统 MBR 的运行费用，通过将廉价的滤布组件与上向流超轻滤料滤池串联以取代昂贵的微滤(或超滤)膜组件，成功研发了 DT-MBR 工艺。好氧式 DT-MBR 具有很好的 COD 和 NH_4^+-N 去除能力，但脱氮除磷的效果较差，COD、NH_4^+-N、TN、TP 平均去除率分别为 90.2%、98.4%、13.6%和 50.7%，与传统的好氧式 MBR 基本相同。最终出水的平均浊度和 SS 浓度分别为 0.7 NTU 和 5.6 mg/L，可满足相关排放甚至回用标准。滤布组件对悬浮物的去除发挥了主要作用，SS 平均去除率为 86.0%，几乎不受反冲洗的影响。

DT-MBR 活性污泥的 Zeta 电位、絮凝与沉淀性能、粒径分布、微生物群落结构、EPS 分布特性与传统 MBR 大体相同，由于泥饼层污泥主要来源于活性污泥，因此 DT-MBR 的泥饼层过滤阻力与传统 MBR 也基本相当。由于 DM(即泥饼层)的结构在反冲洗时会遭到破坏，导致出水水质变差，因此传统的 DM 理论无法合理解释本试验中所使用的板框式滤布组件的出水水质为何在反冲洗后仍能保持良好且稳定的现象。

滤布组件对悬浮物的截留作用主要是通过滤布孔隙和泥饼层的筛滤作用来实现的，既然泥饼层的结构在反冲洗后会遭到破坏，那么滤布组件出水水质在反冲洗后仍能保持良好和稳定的原因必定与滤布孔隙有关，基于此思路提出了 ISASM 概念。有理由相信，经过一定时间的连续过滤，在滤布孔隙内壁上会附着一层黏附力较强、形态与结构较为稳定、受反冲洗影响较小的内衬式污泥，即 ISASM。当 ISASM 形成以后，滤布孔隙变小，筛滤作用在固液分离中占据主导地位。当然，ISASM 在反冲洗前后的相关性能仍需深入研究，滤布组件的运行稳定性仍需时间更长、规模更大的试验予以证明。鉴于滤布组件低廉的价格和较高的通量以及 UUF 低廉的滤料价格、人工费和较高的滤速，DT-MBR 可以大幅度降低因使用和更换传统微滤（或超滤）膜组件所产生的运营成本，是传统 MBR 的良好替代工艺。

第 8 章　结论与展望

8.1　结论

（1）通过对比试验，确定滤珠作为新型上向流轻质滤料滤池的滤料。由于滤珠的密度远小于水（堆积密度仅为 20 kg/m^3），因此将其称为超轻滤料，而将上向流滤珠滤池称 UUF。

（2）开发出了适用于 UUF 的冲洗方法，该方法冲洗强度和冲洗时间可控，冲洗效果好，操作简便；明确了超轻滤料的最佳粒径为 1.0～2.0 mm，滤料不均匀系数 K_{80}＜1.2，滤层厚度不宜小于 700 mm，正常滤速为 8～12 m/h，强制滤速为 12～16 m/h。

（3）为进一步降低冲洗能耗，研发出了一种新型 UUF。新型 UUF 表现出了良好的水质净化性能，对浊度、色度、COD、氨氮和叶绿素 a 的平均去除率分别为 95.9％、84.6％、35.2％、24.5％和 75.1％，比石英砂滤池分别提高了 3.3％、0％、8.4％、5.6％和 12.8％。

（4）为解决因絮体难沉降所导致的出水水质较差以及石英砂滤池易堵塞的问题，基于 UUF 研发出了两级过滤工艺。明确了该工艺对浊度和色度均有很好的去除效果，平均去除率分别达到了 99.9％和 81.3％；COD、氨氮、叶绿素 a 平均去除率分别为 52.1％、100％和 100％；两级 UUF 滤池（尤其是第一级 UUF）均未出现快速堵塞现象，运行非常稳定。

（5）为降低玉带河水的有机物和营养物质浓度，以控制云龙湖藻类暴发风险，提升湖体水质，开发出了“ULB＋混凝＋侧向流斜板沉淀池＋UUF＋消毒”组合工艺。该工艺可以有效去除有机物和营养物质，对 COD、BOD_5、NH_4^+-N 和 TP 的平均去除率分别为 80.83％、80.11％、80.49％和 89.47％；对 TN 的去除效果一般，平均去除率仅为 50.55％；可以有效去除浊度、叶绿素 a 和粪大肠菌群，平均去除率分别为 90.34％、93.33％和 62.22％；对色度的去除效果较差，平均去除率仅为 20.00％；处理成本为 0.936 5 元/m^3。

（6）为解决传统 MBR 因膜污染和膜组件价格昂贵所导致的运行费用过高问题，通过将廉价的滤布组件与上向流超轻滤料滤池串联以取代昂贵的微滤（或超滤)膜组件，成功研发了 DT-MBR 工艺。该工艺对 COD、NH_4^+-N、TN、TP 平均去除率分别为 90.2%、98.4%、13.6%和 50.7%，与传统的好氧式 MBR 基本相同；最终出水的平均浊度和 SS 浓度分别为 0.7 NTU 和 5.6 mg/L，可满足相关排放甚至回用标准；运行费用可比传统 MBR 降低 90%以上。

8.2 展望

不可否认，下向流石英砂滤池工艺成熟、运行可靠、操作简便，多年来为水处理事业作出了巨大贡献，但石英砂滤料的成本较高、密度较大，导致滤池的冲洗能耗和滤料的人工搬运费较高，尤其是在交通不便的偏远山区，搬运石英砂所需要的人工费极为昂贵，而质轻价廉的轻质滤料，尤其是密度远小于水的聚苯乙烯超轻滤料则具有显著优势。但是，由于“滤料难冲洗、滤层易板结”问题的制约，轻质滤料滤池的应用受到了很大限制。

课题组开发出了一种适用于超轻滤料滤池的冲洗方法，该方法操作简便，冲洗强度和冲洗时间易于控制，能耗低，冲洗效果非常好；研发出了一种新型 UUF 工艺，该工艺比石英砂滤池的正常滤速和强制滤速更高，工作周期更长，出水水质更好，且滤料的价格更便宜，人工搬运费也更低；基于 UUF 研发出了两级过滤工艺处理经混凝后难沉淀的河水，研发出了“ULB＋混凝＋侧向流斜板沉淀池＋UUF＋消毒”组合工艺处理受有机污染的河水，明确了上述两种组合工艺均具有优异的污染物去除效能；将 UUF 与一种改性板框式滤布组件串联以取代昂贵的膜组件，研发出了 DT-MBR 新型工艺，明确了该工艺具有良好的污染物去除效能，且能够大幅度降低 MBR 因更换膜组件所产生的运行费用，是传统 MBR 的良好替代工艺。

上述研究结果表明，UUF 具有滤料成本低、滤速高、人工运输费便宜、工作周期长、冲洗能耗低等优点，可取代传统的石英砂滤池并与其他工艺组合，广泛应用于河湖水质净化处理、饮用水处理以及污水处理与深度处理，应用前景非常广阔。

参考文献

[1] ANDREOLI F C,SABOGAL-PAZ L P. Household slow sand filter to treat groundwater with microbiological risks in rural communities[J]. Water Research,2020,186:116352.

[2] 周洁,王东麟,林慧,等. 饮用水砂滤池中微生物对微量污染物的降解潜力与途径[J]. 环境科学,2021,42(12):5905-5911.

[3] 姜应和,谢水波. 水质工程学:上册[M]. 北京:机械工业出版社,2009.

[4] 李圭白,张杰. 水质工程学:上册[M]. 北京:中国建筑工业出版社,2021.

[5] 中华人民共和国住房和城乡建设部. 室外给水设计标准:GB 50013—2018[S]. 北京:中国计划出版社,2019.

[6] 周许林,曹冲. 轻质滤料直接过滤的实验研究[J]. 西安冶金建筑学院学报,1993,25(1):25-30.

[7] 毕源. 聚苯乙烯滤料的改性及其在曝气生物滤池中的应用[D]. 天津:天津大学,2006.

[8] 李美玲. 轻质硅藻土陶粒的制备及其在 BAF 中的应用研究[D]. 青岛:青岛理工大学,2013.

[9] 吴苏清. 超轻污泥陶粒曝气生物滤池深度处理工业废水的研究及应用[D]. 济南:山东大学,2012.

[10] 杨尚. 凹凸棒石/聚乙烯醇固定化载体的制备及性能研究[D]. 兰州:兰州交通大学,2020.

[11] WANG XR,JIN Y Y,WANG Z Y,et al. Development of lightweight aggregate from dry sewage sludge and coal ash[J]. Waste Management,2009,29(4):1330-1335.

[12] ZHUANG Y Z,CHEN C Y,JI T. Effect of shale ceramsite type on the tensile creep of lightweight aggregate concrete[J]. Construction and Building Materials,2013,46(8):13-18.

[13] 齐兵强,王占生. 曝气生物滤池在污水处理中的应用[J]. 给水排水,2000,36(10):4-8.

[14] 王旭,曹文平,张寒雨,等. 不同填料生物滤池净化生活污水性能的对比研

究[J].水处理技术,2016,42(6):47-50.
[15] 钱东,诸水顺,宋淑芳,等.生物接触氧化池和生物滤池对原水处理效能的对比[J].中国给水排水,2015,31(3):50-53.
[16] 谢观体,陆少鸣.BAF预处理强化常规饮用水处理工艺效果研究[J].净水技术,2010,29(1):27-29.
[17] 王瑛,杨亚红,谢刚.Zeolite-GAC滤池处理干旱区微污染水源水的研究[J].西华大学学报(自然科学版),2009,28(1):53-55.
[18] 何少华,秦戌生,严煦世.聚苯乙烯滤料过滤研究[J].给水排水,2003,29(10):81-84.
[19] 桑军强,张锡辉,张声,等.原水生物预处理的轻质滤料滤池和陶粒滤池运行效果对比[J].环境科学,2004,25(3):40-43.
[20] 任媛媛,缑倩雯,陆少鸣.轻质滤料生物滤池对微污染原水的中试研究[J].环境工程学报,2010,4(3):603-606.
[21] 李伟进,平文凯,唐孝国.新一代曝气生物滤池BIOSTYR®工艺及其应用[J].中国给水排水,2009,25(22):76-80.
[22] 刘强,闫军伟,郑玉峰,等.一种上向流轻质滤料滤池:201610847534.7[P].2018-07-10.
[23] 刘强,刘思瑶.一种超轻滤料滤池的冲洗方法:202110930288.2[P].2022-08-26.
[24] 刘强,刘思瑶.一种聚苯乙烯泡沫滤珠滤池及其冲洗方法:202110930415.9[P].2021-12-10.
[25] 国家环境保护总局《水和废水监测分析方法》编委会.水和废水监测分析方法[M].4版.北京:中国环境科学出版社,2002.
[26] 杨新慈,李军,周家中,等.生物膜和活性污泥用于污水高标准脱氮对比[J].中国给水排水,2025,41(2):95-100.
[27] 中华人民共和国卫生部.生活饮用水输配水设备及防护材料的安全性评价标准:GB/T 17219—1998[S],1998.
[28] 国家环境保护总局,国家质量监督检验检疫总局.地表水环境质量标准:GB 3838—2002[S].北京:中国环境科学出版社,2002.
[29] MARROT B, BARRIOS-MARTINEZ A, MOULIN P, et al. Biodegradation of high phenol concentration by activated sludge in an immersed membrane bioreactor[J]. Biochemical Engineering Journal, 2006,30(2):174-183.
[30] LAITINEN N, LUONSI A, VILEN J. Landfill leachate treatment with

sequencing batch reactor and membrane bioreactor[J]. Desalination,2006,191(1/2/3):86-91.
[31] 张自杰. 排水工程:下册[M]. 4 版. 北京:中国建筑工业出版社,2000.
[32] 赵远哲,杨永哲,王海燕,等. 新型填料 A/O 生物滤池处理低碳氮比农村污水脱氮[J]. 环境科学,2020,41(5):2329-2338.
[33] 宋姿. 新型载体 MBBR 脱氮性能及其影响因素研究[D]. 天津:天津城建大学,2019.
[34] 陈如勇,张晓霞,周家中,等. MSBR 改为三级 A/O-MBBR 连续流工艺的应用效果[J]. 中国给水排水,2021,37(14):108-114.
[35] MÜNCH E V,BARR K,WATTS S,et al. Suspended carrier technology allows upgrading high-rate activated sludge plants for nitrogen removal via process intensification[J]. Water Science and Technology,2000,41(4/5):5-12.
[36] 中华人民共和国生态环境部. 2023 中国生态环境状况公报[EB/OL]. https://www. mee. gov. cn/hjzl/sthjzk/zghjzkgb/202406/P020240604551536165161. pdf.
[37] 刘强,闫猛,赵昌爽,等. 气浮/活性炭/膜一体化工艺处理微污染湖泊水[J]. 中国给水排水,2014,30(9):57-59.
[38] 刘海龙,杨栋,赵智勇,等. 高藻原水预臭氧强化混凝除藻特性研究[J]. 环境科学,2009,30(7):1914-1919.
[39] 向斯,刘世昌,赵以军,等. pH 值及黏土密度对壳聚糖改性絮凝剂除藻效果的影响[J]. 中国环境科学,2015,35(5):1520-1525.
[40] 李姣,田小方,赵以军,等. 低功率密度超声波强化絮凝沉降除藻技术研究[J]. 水生态学杂志,2019,40(2):88-93.
[41] 刘洋. 装配式滤床对景观水体原水中产浊物质的控制研究[D]. 西安:西安建筑科技大学,2019:8-9.
[42] 叶辉,许建华. 饮用水中的氨氮问题[J]. 中国给水排水,2000,16(11):31-34.
[43] 刘强,王艳菊,刘泽山,等. 上向流轻质滤料滤池组合工艺对难沉淀河水的处理效能 [J]. 水处理技术,2003,49(7):116-124.
[44] 国家市场监督管理总局,国家标准化管理委员会. 生活饮用水标准检验方法:GB/T 5750. 1～5750. 13—2023[S]. 北京:中国标准出版社,2024.
[45] YAO Y,WANG Y,LIU Q,et al. Mechanism of HMBR in reducing membrane fouling under different SRT:effect of sludge load on microbial

properties[J]. Membranes,2022,12:124.
[46] 操家顺,费罗兰,罗景阳,等. 新型轻质陶粒生物滤池在启动阶段对模拟尾水的处理效能及微生物群落特征[J]. 净水技术,2019,38(1):74-82.
[47] 施东文,陈健波,奚旦立,等. 两种生物膜反应器对黄河微污染水处理[J]. 环境工程,2007,25(2):18-20.
[48] 李圭白,张杰. 水质工程学[M]. 北京:中国建筑工业出版社,2005.
[49] 中华人民共和国住房和城乡建设部. 室外排水设计标准:GB 50014—2021[S]. 北京:中国计划出版社,2021.
[50] CHANG I S,LE CLECH P,JEFFERSON B,et al. Membrane fouling in membrane bioreactors for wastewater treatment [J]. Journal of Environmental Engineering,2002,128(11):1018-1029.
[51] NAGAOKA H, YAMANISHI S, MIYA A. Modeling of biofouling by extracellular polymers in a membrane separation activated sludge system [J]. Water Science and Technology,1998,38(4/5):497-504.
[52] LIU Q, YAO Y, XU D L. Mechanism of membrane fouling control by HMBR:effect of microbial community on EPS[J]. International Journal of Environmental Research and Public Health,2020,17(5):1681.
[53] 王刚,苗瑞鹏,张振冲,等. 生物转盘内部投加 PAC 化学除磷效果研究[J]. 中国给水排水,2020,36(13):50-54.
[54] 赵治国,袁林江,王骞,等. 废水中有机物对铁盐除磷的影响[J]. 中国环境科学,2020,40(1):288-293.
[55] 王庆,李莹,汪文博,等. 广东省蛭态轮虫物种多样性及其系统发育研究[J]. 中国环境科学,2021,41(9):4367-4377.
[56] 方榕华,陈辉,王剑俊,等. 水厂成本管理分析与实践:以清泰水厂为例[J]. 给水排水,2023,49(5):1-5.
[57] LI YM, REN Y Y, JI J Y, et al. Anaerobic membrane bioreactors for municipal wastewater treatment, sewage sludge digestion and biogas upgrading:a review[J]. Sustainability,2023,15(20):15129.
[58] LIU L,ZHANG J,CHEN Y F,et al. Anaerobic fluidized-bed membrane bioreactor for treatment of liquid fraction of sludge digestate:performance and agricultural reuse analysis[J]. Sustainability,2023,15(9):7698.
[59] ANTIÑOLO BERMÚDEZ L,LEYVA DÍAZ J C,MARTÍN PASCUAL J,et al. Study of the potential for agricultural reuse of urban wastewater with membrane bioreactor technology in the circular economy framework

[J]. Agronomy,2022,12(8):1877.

[60] ZHANG J,XIAO K,LIU Z W,et al. Large-scale membrane bioreactors for industrial wastewater treatment in China: technical and economic features,driving forces, and perspectives[J]. Engineering, 2021, 7(6): 868-880.

[61] QIU Q,GAO M C,SHAO C T,et al. Copper nanoparticles coupled with fine-powdered active carbon-modified ceramic membranes for improved filtration performance in a membrane bioreactor [J]. Water, 2023, 15(23):4141.

[62] ASANTE-SACKEY D,RATHILAL S,TETTEH E K,et al. Membrane bioreactors for produced water treatment:a mini-review[J]. Membranes, 2022,12:275.

[63] WANG C S, NG T C A, DING M Y, et al. Insights on fouling development and characteristics during different fouling stages between a novel vibrating MBR and an air-sparging MBR for domestic wastewater treatment[J]. Water Research,2022,212:118098.

[64] HE H Y, XIN X D, QIU W, et al. Role of nano-Fe_3O_4 particle on improving membrane bioreactor (MBR) performance: alleviating membrane fouling and microbial mechanism[J]. Water Research, 2022, 209:117897.

[65] WANG X C,HU Y S,LIU Q. Influence of activated sludge characteristics on membrane fouling in a hybrid membrane bioreactor[J]. Desalination Water Treat,2012,42:30-36.

[66] LI Y, CHEN W, ZHENG X Y, et al. Microbial community structure analysis in a hybrid membrane bioreactor via high-throughput sequencing [J]. Chemosphere,2021,282:130989.

[67] TIJING L D, WOO Y C, CHOI J S, et al. Fouling and its control in membrane distillation: a review[J]. Journal of Membrane Science, 2015, 475:215-244.

[68] JIN B, WILÉN B M, LANT P. A comprehensive insight into floc characteristics and their impact on compressibility and settleability of activated sludge[J]. Chemical Engineering Journal,2003,95:221-234.

[69] LE-CLECH P,CHEN V,FANE T A G. Fouling in membrane bioreactors used in wastewater treatment[J]. Journal of Membrane Science,2006,284

(1/2):17-53.

[70] TANG L, ZHANG J, ZHA L, et al. Optimization of critical factors affecting dynamic membrane formation in a gravity-driven self-forming dynamic membrane bioreactor towards low-cost and low-maintenance wastewater treatment[J]. Water,2023,15:396.

[71] YANG Y,DENG W H,ZHANG J Y,et al. A novel precoated anaerobic dynamic membrane bioreactor for real domestic wastewater treatment: in situ formation, filtration performance and characterization of dynamic membrane[J]. Chemical Engineering Journal,2023,466:143313.

[72] CHEN L,LV M,DING Y C,et al. Investigation of filtration performance and phosphorus removal in an electric field controlled dynamic membrane bioreactor[J]. Chemical Engineering Journal,2023,478:147328.

[73] SIDDIQUI M A, BISWAL B K, SALEEM M, et al. Anaerobic self-forming dynamic membrane bioreactors (AnSFDMBRs) for wastewater treatment-recent advances, process optimization and perspectives [J]. Bioresource Technology,2021,332:125101.

[74] HU Y S,WANG X C,TIAN W R,et al. Towards stable operation of a dynamic membrane bioreactor (DMBR):operational process,behavior and retention effect of dynamic membrane[J]. Journal of Membrane Science, 2016,498:20-29.

[75] LI L C, XU G R, YU H R. Dynamic membrane filtration: formation, filtration, cleaning, and applications [J]. Chemical Engineering & Technology,2018,41(1):7-18.

[76] RICE E W, BAIRD R B, EATON A D. Standard methods for the examination of water and wastewater[M]. 23rd ed. Denver: American Public Health Association,2017.

[77] WANG X C, LIU Q, LIU Y J. Membrane fouling control of hybrid membrane bioreactor: effect of extracellular polymeric substances[J]. Separation Science and Technology,2010,45(7):928-934.

[78] RAUNKJAER K, HVITVED-JACOBSEN T, NIELSEN P H. Measurement of pools of protein, carbohydrate and lipid in domestic wastewater[J]. Water Research,1994,28(2):251-262.

[79] FRØLUND B, GRIEBE T, NIELSEN P H. Enzymatic activity in the activated-sludge floc matrix[J]. Applied Microbiology and Biotechnology,

1995,43(4):755-761.

[80] LEE J,AHN W Y,LEE C H. Comparison of the filtration characteristics between attached and suspended growth microorganisms in submerged membrane bioreactor[J]. Water Research,2001,35(10):2435-2445.

[81] CONTRERAS E M, GIANNUZZI L, ZARITZKY N E. Use of image analysis in the study of competition between filamentous and non-filamentous bacteria[J]. Water Research,2004,38(11):2621-2630.

[82] ANDRÉ M V N,JENKINS D,RICHARD M G. The competitive growth of zoogloea and type 021N in activated sludge and pure culture:a model for low F∶M bulking[J]. Water Pollution Control Federation,1987,59:262-27.

[83] TAKÁCS I,FLEIT E. Modelling of the micromorphology of the activated sludge floc:Low do,low F/M bulking[J]. Water Science and Technology,1995,31(2):235-243.

[84] LIU Q,WANG X C,LIU YJ,et al. Performance of a hybrid membrane bioreactor in municipal wastewater treatment[J]. Desalination,2010,258(1/2/3):143-147.

[85] MÜNCH E V, LANT P, KELLER J. Simultaneous nitrification and denitrification in bench-scale sequencing batch reactors [J]. Water Research,1996,30(2):277-284.

[86] POCHANA K, KELLER J. Study of factors affecting simultaneous nitrification and denitrification (SND) [J]. Water Science and Technology,1999,39(6):61-68.

[87] HELMER C,KUNST S. Simultaneous nitrification/denitrification in an aerobic biofilm system[J]. Water Science and Technology,1998,37(4/5):183-187.

[88] LIU Q, WANG X C. Mechanism of nitrogen removal by a hybrid membrane bioreactor in municipal wastewater treatment[J]. Desalination and Water Treatment,2014,52(25/26/27):5165-5171.

[89] WU D Q,DING X S,ZHAO B,et al. The essential role of hydrophobic interaction within extracellular polymeric substances in auto-aggregation of P. stutzeri strain XL-2 [J]. International Biodeterioration & Biodegradation,2022,171:105404.

[90] YAN L L,LIU Y,WEN Y,et al. Role and significance of extracellular

polymeric substances from granular sludge for simultaneous removal of organic matter and ammonia nitrogen[J]. Bioresource Technology, 2015, 179:460-466.

[91] BOBADE V, EVANS G, BAUDEZ J C, et al. Impact of gas injection on physicochemical properties of waste activated sludge: a linear relationship between the change of viscoelastic properties and the change of other physiochemical properties[J]. Water Research, 2018, 144:246-253.

[92] LIAO B Q, ALLEN D G, DROPPO I G, et al. Surface properties of sludge and their role in bioflocculation and settleability[J]. Water Research, 2001, 35(2):339-350.

[93] STEINER A E, MCLAREN D A, FORSTER C F. The nature of activated sludge flocs[J]. Water Research, 1976, 10(1):25-30.

[94] MAGARA Y, NAMBU S, UTOSAWA K. Biochemical and physical properties of an activated sludge on settling characteristics[J]. Water Research, 1976, 10(1):71-77.

[95] MEHRANI M J, SOBOTKA D, KOWAL P, et al. The occurrence and role of Nitrospira in nitrogen removal systems[J]. Bioresource Technology, 2020, 303:122936.

[96] DUEHOLM M K D, NIERYCHLO M, ANDERSEN K S, et al. MiDAS 4: a global catalogue of full-length 16S rRNA gene sequences and taxonomy for studies of bacterial communities in wastewater treatment plants[J]. Nature Communications, 2022, 13(1):1908.

[97] CHEN H J, ZHOU W Z, XU Z B, et al. Nitrogen and phosphorus removal by GAOs and PAOs using nitrate and limited oxygen as electron acceptors simultaneously and the impact of external carbon source in the anoxic phase[J]. Journal of Environmental Chemical Engineering, 2021, 9(6):106520.

[98] SEVIOUR T W, LAMBERT L K, PIJUAN MT, et al. Selectively inducing the synthesis of a key structural exopolysaccharide in aerobic granules by enriching for *Candidatus* "Competibacter phosphatis"[J]. Applied Microbiology and Biotechnology, 2011, 92(6):1297-1305.

[99] WHANG L M, Park J K. Competition between polyphosphate and glycogen-accumulating organisms in biological phosphorus removal systems: effect of temperature[J]. Water Science and Technology, 2002,

46:191-194.

[100] ADAV S S,LEE D J,TAY J H. Extracellular polymeric substances and structural stability of aerobic granule[J]. Water Research,2008,42(6/7):1644-1650.

[101] AN Q,CHEN Y H,TANG M,et al. The mechanism of extracellular polymeric substances in the formation of activated sludge flocs[J]. Colloids and Surfaces A:Physicochemical and Engineering Aspects,2023,663:131009.

[102] JIA F, WU N, LIU J. Research and analysis on MBR membrane replacement project of a WWTP in Beijing[J]. China Water Wastewater,2023,39:127-1.